普通高等教育测绘类"十三五"系列教材

摄影测量与遥感
实践教程

主 编 赵 红 李爱霞

副主编 张作淳 徐 琪

中国水利水电出版社

www.waterpub.com.cn

·北京·

内 容 提 要

本书以突出应用操作为宗旨，系统地介绍了摄影测量与遥感的数据分析与准备、解析空中三角测量、模型定向、4D产品的生产制作、像片判读与调绘、遥感图像处理流程及专题图的制作过程。全书共分11章，按照"数字摄影测量系统→遥感数字图像处理"来组织。第1章至第6章主要介绍了利用 VirtuoZo 数字摄影测量系统进行航片处理的流程与方法；第7章至11章主要介绍了利用 ERDAS IMAGINE 遥感图像处理软件处理遥感图像的流程与方法。

本书既可作为高等院校测绘类、地理信息系统类专业的实习教材和指导书，也可以作为工程技术人员的学习参考书。

图书在版编目（CIP）数据

摄影测量与遥感实践教程 / 赵红，李爱霞主编. -- 北京：中国水利水电出版社，2017.7（2018.10重印）
普通高等教育测绘类"十三五"系列教材
ISBN 978-7-5170-5565-5

Ⅰ. ①摄… Ⅱ. ①赵… ②李… Ⅲ. ①摄影测量－高等学校－教材②遥感技术－高等学校－教材 Ⅳ. ①P23 ②TP7

中国版本图书馆CIP数据核字(2017)第160862号

书　　名	普通高等教育测绘类"十三五"系列教材 **摄影测量与遥感实践教程** SHEYING CELIANG YU YAOGAN SHIJIAN JIAOCHENG
作　　者	主编 赵红 李爱霞　副主编 张作淳　徐琪
出版发行	中国水利水电出版社 （北京市海淀区玉渊潭南路1号D座　100038） 网址：www.waterpub.com.cn E-mail：sales@waterpub.com.cn 电话：(010) 68367658（营销中心）
经　　售	北京科水图书销售中心（零售） 电话：(010) 88383994、63202643、68545874 全国各地新华书店和相关出版物销售网点
排　　版	中国水利水电出版社微机排版中心
印　　刷	北京瑞斯通印务发展有限公司
规　　格	184mm×260mm　16开本　13.75印张　326千字
版　　次	2017年7月第1版　2018年10月第2次印刷
印　　数	1001—3000 册
定　　价	**38.00元**

凡购买我社图书，如有缺页、倒页、脱页的，本社营销中心负责调换

前言

随着测绘与地理信息技术的发展，航空与遥感图像在社会生活和经济建设中发挥着越来越重要的作用，航空影像和遥感图像的数据处理也成为测绘类和地理信息系统类学生必须要掌握的技能之一。因此，摄影测量与遥感数据处理实训已成为摄影测量与遥感课程不可缺少的重要教学环节。编写本书的目的就是在学习摄影测量与遥感理论知识的基础上，熟悉常用的数字摄影测量系统与遥感图像处理软件的使用方法，重点学习利用 VirtuoZo 数字摄影测量系统处理航空影像的方法，以及利用 ERDAS IMAGINE 遥感图像处理软件处理遥感图像的流程与方法。

本书面向大学本科学生，共分 11 章，按照"数字摄影测量系统""遥感数字图像处理"两部分来组织。第 1～6 章主要介绍利用 VirtuoZo 数字摄影测量系统进行航片处理的流程与方法；第 7～11 章主要介绍利用 ERDAS IMAG-INE 遥感图像处理软件处理遥感图像的方法。主要内容如下：

第 1 章绪论，主要介绍了数字摄影测量和遥感数字图像处理的概念，以及几种常用的数字摄影测量系统和遥感图像处理软件。

第 2 章数据分析与准备，主要介绍了航空摄影的基本要求，以及测区和模型构建的方法。

第 3 章解析空中三角测量，主要介绍了解析空中三角测量的基本知识，以及解析空中三角测量的作业过程。

第 4 章模型定向，主要介绍了内定向、相对定向、绝对定向、核线影像生成的基本概念以及作业过程和方法。

第 5 章 4D 产品的生产制作，主要介绍了 4D 产品的概念，以及制作 4D 的操作流程。

第 6 章像片判读与调绘，主要介绍了像片判读与调绘的基本要求、基本方法。

第 7 章遥感数据的输入、输出和显示，主要介绍了利用 ERDAS IMAG-INE 遥感图像处理软件进行数据输入、输出和显示的方法。

第 8 章遥感数据预处理，主要介绍了对遥感图像进行几何校正、拼接、投影变换、分幅裁剪、图像融合的基本概念和基本方法。

第 9 章图像增强，主要介绍了对遥感图像进行各种增强的方法，包括辐射增强、空间域增强、频率域增强、指数运算、主成分变换、缨帽变换、彩色增强。

第 10 章图像分类，主要介绍了非监督分类、监督分类的概念和方法。

第 11 章遥感专题地图制作，主要介绍了特征选取与查询、矢量数据编辑、矢量图层生成、编辑与管理以及专题地图建立的概念和方法。

本书由浙江水利水电学院和浙江农林大学的教师共同编写完成。第 1 章由赵红编写；第 2、5、6 章由徐琪编写；第 3、4 章由李爱霞编写；第 7~11 章由张作淳编写，全书由李爱霞统稿。

本书既可作为高等院校测绘类、地理信息系统类专业的实训教材和指导书，也可以作为工程技术人员的学习参考书。

由于编者水平有限，本书难免存在不足和疏漏之处，敬请各位读者批评指正。

编者

2016 年 10 月

目 录

第1章 绪 论

摄影测量与遥感是对非接触传感器系统获得的影像及其数字表达进行记录、量测和解译,从而获得自然物体和环境的可靠信息的一门工艺、科学和技术。摄影测量与遥感是测绘学科的一个重要分支,其主要特点就是对影像或像片进行量测和解译,无需接触被研究物体本身,因而很少受人不能到达、人不能触及等条件限制,而且可摄得瞬间的动态物体影像。随着科学技术的发展,多传感器、多分辨率、多光谱、多时段遥感影像与空间科学、电子科学、地球科学、计算机科学以及其他边缘学科交叉渗透、相互融合,摄影测量与遥感已逐渐发展为一门新型地球空间信息科学,同时也涵盖了大量的应用技术。

摄影测量与遥感的实践环节是在测绘类或地理信息系统类专业学生学习过程中,利用摄影测量学、遥感原理及应用等相关专业理论知识进行综合应用,使学生能够系统全面地学习并应用已学习的摄影测量与遥感知识,锻炼实践技能。通过摄影测量与遥感实训将课堂理论与实践相结合,深入掌握摄影测量与遥感的基本概念和原理、加强基本技能训练,培养学生分析问题和解决问题的能力。

1.1 意 义 和 目 的

本教程的目的是运用所学的基础理论知识,利用现有仪器设备和资料进行综合训练。该实训教程不仅要求学生掌握 4D 产品生产的基本原理与方法,而且要求掌握遥感影像的预处理、分类和专题图制作等相关原理和方法。通过摄影测量与遥感的综合训练,既能训练摄影测量和遥感的专业技能,又可以加强相关理论知识,深入认识摄影测量与遥感的区别和联系。

1.2 数 字 摄 影 测 量 系 统

目前,摄影测量主要采用数字摄影测量系统进行数据处理。数字摄影测量系统的研制由来已久,早在 20 世纪 60 年代,第一台解析测图仪 AP-1 问世不久,美国研制了全数字化测图系统 DAMC,其后出现了多套数字摄影测量系统,但基本上都是属于体现数字摄影测量工作站(DPW)概念的试验系统,直到 1988 年日本京都国际摄影测量与遥感协会(ISPRS)第 16 届大会上才展出了商用数字摄影测量工作站 DSP-1。尽管 DSP-1 是作为商品推出的,但实际上并没有成功地进行销售。到 1992 年 8 月在美国华盛顿第 17 届国际摄影测量与遥感大会上,已有多套较为成熟的产品展示,它表明了数字摄影测量工作站正在由试验阶段步入摄影测量的生产阶段。1996 年 7 月,在奥地利维也纳第 18 届国际摄影测量与遥感大会上,展出了十几套数字摄影测量工作站,这表明数字摄影测量工作站已进入了使用阶段。

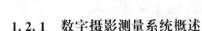

1.2.1　数字摄影测量系统概述

在数字摄影测量研究的早期，许多研究者在解析测图仪或坐标仪上附加影像数字化装置及影像匹配等软件，构成在线自动测图系统。这些系统只对所处理的局部影像数字化，可以不需大容量的计算机内存和外存，例如早期的 AS‐IIB‐x、GPM 以及 PASTAR 系统均属此类。这些系统的共同特点是采用专门的硬件数字化相关系统，速度快，但其算法已被固化，无法修改，随着计算机容量的加大和速度的加快，可以在常规民用解析测图仪上附加全部由软件实现的数字相关系统，例如在 DSR‐11 解析测图仪与 C100 解析测图仪上安装 CCD 数字摄影机实现数字相关。这种在解析测图仪（坐标仪）上加装 CCD 数字相机的系统属于混合型（Hybrid）数字摄影测量工作站。著名的混合型数字摄影测量工作站还有美国的 DCCS 与日本的 TOPCON 的 PI‐100。

全数字型的数字摄影测量系统首先将影像完全数字化，而不是像在混合型系统中只对影像作部分数字化。这种系统无需精密光学机械部件，可集数据获取、存储、处理、管理、成果输出为一体，在单独的一套系统中即可完成所有摄影测量任务，因而有人建议把它称为"数字测图仪"。由于它可产生三维的形象化产品，其应用将远远超过传统摄影测量的范畴，因此，人们更倾向于称其为数字摄影测量工作站（DPW）或软拷贝（Softcopy）摄影测量工作站，甚至更简单、更概括地称之为数字站。数字立体测图仪的概念是 Sarjakoski 于 1981 年首先提出来的，但第一套全数字摄影测量工作站是 20 世纪 60 年代在美国建立的 DAMC。20世纪 80 年代以来，由于计算机技术的飞速发展，许多数字摄影测量工作站相继建立。

适普（Supersoft）公司的 VirtuoZo 数字摄影测量工作站是根据 ISPRS 的前名誉会员、中国科学院院士、武汉大学（原武汉测绘科技大学）王之卓教授于 1978 年提出的"Fully Digital Automatic Mapping System"方案进行研究，由武汉大学教授张祖勋院士主持研究开发的成果，属于世界同类产品的知名品牌之一。最初的 VirtuoZo SGI 工作站版本于 1994 年 9 月在澳大利亚黄金海岸（Gold Coast）推出，被认为是有许多创新特点的数字摄影测量工作站（Stewart Walker&Gordon Petrie，1996），1998 年由 Supersoft 推出其微机版本。VirtuoZo 系统基于 Windows 平台利用数字影像或数字化影像完成摄影测量作业，由计算机视觉（其核心是影像匹配与影像识别）代替人眼的立体量测与识别，不需要传统的光机仪器。VirtuoZo 系统中，从原始资料、中间成果及最后产品等都是以数字形式出现的，克服了传统摄影测量智能生产单一线划图的缺点，可生产出多种数字产品，如数字高程模型、数字正射影像、数字线划图、景观图等，并提供各种工程设计所需的三维信息、各种信息系统数据库所需的空间信息。VirtuoZo 不仅在国内已成为各测绘部门进行数字摄影测量的主要系统之一，而且也被世界诸多国家和地区所采用。

1.2.2　数字摄影测量系统组成

数字摄影测量系统通常包括专业硬件设备和摄影测量软件。

1. 硬件组成

数字摄影测量工作站的硬件由计算机及其外部设备组成。

（1）计算机：目前可以是个人计算机或工作站。

（2）外部设备：其外部设备分为立体观测及操作控制设备与输入/输出设备。

1）立体观测及操作控制设备。

a. 立体观测设备。计算机显示屏可以配备为单屏幕或双屏幕。立体观测装置可以是以下4种之一，红绿眼镜、立体反光镜、闪闭式液晶眼镜、偏振光眼镜。

b. 操作控制设备。操作控制设备可以是以下3种之一：①手轮、脚盘与普通鼠标；②三维鼠标与普通鼠标；③普通鼠标。

2）输入/输出设备。

输入设备：影像数字化仪（扫描仪）。

输出设备：矢量绘图仪、栅格绘图仪。

2. 软件组成

数字摄影测量工作站的软件由数字影像处理软件、模式识别软件、解析摄影测量软件及辅助功能软件组成。

（1）数字影像处理软件主要包括影像旋转、影像滤波、影像增强、特征提取。

（2）模式识别软件主要包括特征识别与定位、影像匹配、目标识别。

（3）解析摄影测量软件主要包括定向参数计算、空中三角测量解算、核线关系解算、坐标计算与变换、数据内插、数据微分纠正、投影变换。

（4）辅助功能软件主要包括数据输入/输出、数据格式转换、注记、质量报告、图廓整饰、人机交互。

1.2.3 国内外主流数字摄影测量系统

1.2.3.1 ImageStation SSK 摄影测量系统（Intergraph 公司）

ImageStation SSK（Stereo Soft Kit）是美国 Intergraph 公司推出的数字摄影测量系统，它把解析测图仪、正射投影仪、遥感图像处理系统集成为一体，与 GIS（地理信息系统）以及 DTM（数字地形模型）在工程 CAD 中的应用紧密结合在一起，形成强大的具备航测内业所有工序处理能力的，以 Windows 操作系统为基础的数字摄影测量系统。Intergraph公司是目前世界上最大的摄影测量及制图软件的提供商之一。ImageStation SSK 数字摄影测量软件包是数字摄影测量技术发展了20余年的积累成果，具备处理传统航测数据、数字航测数据、卫星影像数据以及近景摄影测量数据能力；具备针对生产的优化设计、批命令、高效数据压缩和自动化作业能力，从空三加密、DTM 采集到正射影像制作，贯穿整个作业流程，是涵盖摄影测量全领域的完全解决方案。

ImageStation SSK 主要包括项目管理模块（ImageStation Photogrammetric Manager，ISPM）、数字测量模块（ImageStation Digital Mensuration，ISDM）、立体显示模块（ImageStation Stereo Display，ISSD）、DTM 采集模块（ImageStation DTM Collection，ISDC）、特征采集模块（ImageStation Feature Collection，ISFC）、基础纠正模块（ImageStation Base Rectifier，ISBR）、自动 DTM 采集模块（ImageStation Automatic Elevation，ISAE）、自动空三模块（ImageStation Automatic Triangulation，ISAT）、自动正射模块（ImageStation Ortho Pro，ISOP）等。

1.2.3.2 Inpho 航空摄影测量系统

Inpho 公司是欧洲著名的航空摄影测量与遥感处理软件，发源于德国，是德国斯图加特大学的航测学院院长、欧洲著名的航测遥感专家阿克曼教授（李德仁院士于 20 世纪 80 年代在斯图加特大学攻读博士学位时的博士生导师）在 20 世纪 80 年代创立，2007 年 2 月被美国 Trimble 公司收购。它可以全面系统地处理航测遥感、激光、雷达等数据，其空三软件和正射处理软件占有欧洲的最大份额，早期的 Intergraph SSK 软件采用的空三核心软件即由其提供，与海拉瓦系统齐名，是高端航测软件中的经典。

Inpho 摄影测量系统为数字摄影测量项目的所有任务提供一整套完整的软件解决方案。包括地理定标、生产数字地面模型 DTM、正射影像生产，以及三维地物特征采集。它的模块化组合，既可提供完整的、紧密结合的全套系统，也可提供独立工作的单一模块，可以很容易地把它加入到任何其他摄影测量系统的工作流程中。Inpho 系统的主要优点是以其严谨的数学模型来保证顶级的准确度，以其平稳的工作流程和高度的自动化程度来保证高效的生产能力。

Inpho 摄影测量系统支持各种数字影像，包括扫描框幅式航空相片，以及来自于数字航空相机和多种卫星传感器的各种影像。

其各模块简介如下：

ApplicationsMaster：它是系统的核心，提供用户界面和启动其他系统模块。通用的 ApplicationsMaster 作为一个平台把所有的模块结合到一起。ApplicationsMaster 本身具有项目定义、数据输入与输出、坐标变换、图像处理、图像定向，以及 DTM 管理等功能。

MATCH-AT 模块：对任何数字或模拟相机的框幅式影像的几何定位作全自动的空三处理。

MATCH-T 模块：从航空或卫星影像上自动提取高精度的数字地面模型。

DTMaster 模块：用于进行质量控制和监测，并可对立体像对或正射影像上多达 5000 万个 DTM 点进行编辑。

OrthoMaster 模块：从航空或卫星影像中生产正射相片。

OrthoVista 模块：强有力、高度自动化的正射相片镶嵌工具。包括智能的缝合线探测，以及大面积的辐射平衡调制功能。

Summit Evolution 模块：先进的数字立体测绘仪。从航片或卫星影像上进行三维地物采集并输出到 ArcGIS、SuperMap、AutoCAD 或 Microstation 系统中。

1.2.3.3 徕卡遥感及摄影测量系统（徕卡公司）

徕卡遥感及摄影测量系统（Leica Photogrammetry Suite，LPS）是徕卡公司最新推出的数字摄影测量及遥感处理软件系列。LPS 为影像处理及摄影测量提供了高精度及高效能的生产工具，它可以处理各种航天（最常用的包括卫星影像 QuickBird、IKONOS、SPOT5 及 LANDSAT 等）及航空（扫描航片、ADS40 数字影像）的各类传感器影像定向及空三加密，处理各种数字影像格式，黑/白、彩色、多光谱及高光谱等各类数字影像。LPS 的应用还包括矢量数据采集、数字地模生成、正射影像镶嵌及遥感处理，它是第一套将遥感与摄影测量集成于单一工作平台的软件系列。

其包含的主要功能模块如下：

数字地面模型自动提取模块（LPS Automatic Terrain Extraction，ATE）：LPS 的扩展模块，提供了从包含成百上千幅影像的项目区域中自动提取数字地面模型（DEM）的能力。通过 LPS ATE，可以快速地创建中等密度的表面。利用向导式处理工作流，可以快速地建立 DTM 工程，然后自动进行提取，也可以进行高级的操作，例如地形过滤、裁切等。内嵌的质量控制和精度报告工具保证输出的精度。

数字地面模型编辑模块（LPS Terrain Editor，TE）：LPS Terrain Editor 是编辑 DTM 全面有力的工具，可以迅速更新地图。包括立体模式下的点，线和面地形编辑。地形编辑支持多种 DTM 格式，包括 Leica Terrain Format、SOCET SET TINs、SOCET SET Grids、TerraModel TINs 和 Raster DEMs 等。在立体模式下的三维地形编辑、保证高质量数据产品的生产、地形模型的质量影响正射校正的几何精度，摄影测量工作流程至关重要的部分就是质量控制和改进 DTM，来提高整个摄影测量处理过程。地形图的动态实时可视化，LPS Terrain Editor 是一个动态的编辑工具，某个点一旦被修改，可以实时更新地形的显示。为了地形模型的可视化，LPS Terrain Editor 可以显示地形图元，包括在立体影像上叠加点，线，网格和等高线层，用于编辑和质量保证。

空三加密模块（LPS ORIMA）：LPS ORIMA 是一个区域网空中三角测量与分析的软件系统，是现代化的、易于操作的定向管理软件，能够处理大量影像坐标，地面控制点和 GPS 坐标。ORIMA 能够实现以生产为核心的框幅式和徕卡 ADS40/ADS80 影像的空中三角测量。

立体观测模块（LPS Stereo）：LPS Stereo 以多种方式对影像进行三维立体观测，能够在立体模式下提取地理空间内容，进行子像元定位，连续漫游和缩放，快速图像显示，显示包括：立体、分窗、单片和三维显示等。应用 LPS 立体观测模块可以以多种方式对影像作三维立体视测。

LPS eATE 分布式并行自动地形提取模块：LPS eATE 是从立体像对中生成高分辨率地形信息的新模块。LPS eATE 为地形数据的处理提供了并行计算的环境。这种高通用性的解决方案适合于不同项目，从卫星到航空框式和数字推扫式（pushbroom）传感器技术，可输出不同密度的地形，一直到像素级水平。对于合法用户，LPS eATE 的预览提供了提前查看新的 ERDAS 地形处理解决方案。

1.2.3.4 VirtuoZo 数字摄影测量系统

VirtuoZo 数字摄影测量系统是一个功能齐全、高度自动化的现代摄影测量系统，能完成从自动空中三角测量到测绘各种比例尺数字线划地图（DLG）、数字高程模型（DEM）、数字正射影像图（DOM）和数字栅格地图（DRG）的生产。VirtuoZoNT 采用最先进的快读匹配算法确定同名点，匹配速度高达 500～1000 点/s，可处理航空影像、SPOT 影像、IKONOS 影像和近景影像。VirtuoZo NT 不但能制作各种比例尺的测绘产品，也是三维景观、城市建模和 GIS 空间数据采集等最强有力的操作平台。VirtuoZo 数字摄影测量系统改变了我国传统的测绘模式，提高了生产效率，得到了广泛的应用。

在中国还有一套较为著名的数字摄影测量工作站—JX4，是由中国测绘科学研究院刘先林院士主持开发的。

本书配套的摄影测量实训软件是 VirtuoZo，如图 1.1 所示。VirtuoZo NT 基本软件有：解算定向参数、自动空中三角测量、核线影像重采样、影像匹配、生成数字高程模型、制作数字正射影像、生成等高线、制作景观图、DEM 透视图等。VirtuoZo NT 工作流程图如图 1.2 所示。

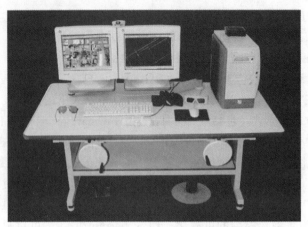

图 1.1　VrituoZo 数字摄影测量系统

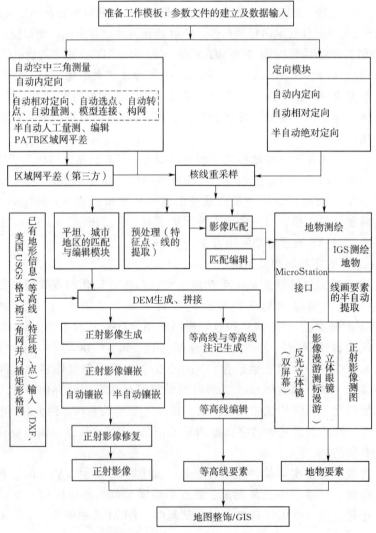

图 1.2　VirtuoZo NT 工作流程

1.3 遥 感 数 字 图 像 处 理

遥感一词来自英语 Remote Sensing，即"遥远的感知"。广义上遥感就是利用探测仪器，不与探测目标接触，从远处获得被测物体的电磁波辐射特征、力场特征和机械特征等信息并记录下来，据此进行探测和识别被测物体者皆可称为遥感，即无接触的远距离探测。狭义的遥感是指从一定距离对被测目标从紫外到微波波段发射或反射的电磁波信息进行探测，从而达到对被测物体的识别。

遥感是以航空摄影技术为基础，在 20 世纪 60 年代初发展起来的一门新兴技术。遥感发展的初期阶段是航空遥感。1972 年美国第一颗陆地卫星发射成功后，标志着航天遥感时代的开始。经过几十年的迅速发展，目前遥感技术正广泛应用于资源环境、水文、气象、地质地理等领域，成为一门实用的、先进的空间探测技术。

遥感技术获取的信息量极大，其处理手段是人力难以胜任的，为了提高对庞大数据的处理速度，遥感数字图像处理技术随之得以迅速发展。目前通用的遥感图像处理软件有美国 ERDAS LLC 公司开发的 ERDAS Imagine 以及美国 Research System INC 公司开发的 ENVI，以及国产遥感图像处理软件包括国家遥感应用技术研究中心研发的 IRSA、中国林业科学院与北京大学遥感与地理信息系统研究所联合开发的 SAR INFORS 以及中国测绘科学研究院与四维公司联合开发的 CASM ImageInfo。

1.3.1 遥感数字图像处理概述

遥感数字图像是数字形式的遥感图像。数字图像最基本的单位是像素。像素是模/数（A/D）转换中的取样点，是计算机图像处理的最小单元。遥感数字图像处理是利用计算机图像处理系统对遥感图像中的像素进行系列操作的过程。

遥感数字图像处理的主要内容包括以下 3 个方面：

（1）图像增强。图像增强是指利用光学仪器或电子计算机等手段，改变图像的表现形式和影像特征，使图像变得更加清晰可判，目标物更加突出易辨。图像增强常用的方法有灰度拉伸、平滑、锐化、彩色合成、主成分变换、代数运算等。

（2）图像校正。图像校正主要是对传感器或环境造成的退化图像进行模糊消除、噪声滤除、几何失真或非线性改正。在进行信息提取前，必须对遥感图像进行校正处理，以使图像信息能够正确地反映实际地物信息或物理过程。图像校正主要包括辐射校正和几何校正。

（3）图像分类。图像分类则是通过电子计算机对遥感图像上的目标进行自动识别和类型划分，直接得到解译结果。

1.3.2 遥感数字图像处理过程

遥感数字图像处理包括 3 个阶段：输入、处理和输出。

（1）数据的输入。采集的数据中包括模拟数据（航空像片等）和数字数据（卫星图像等）两种。模拟数据需要经过影像数字化，转换成数字影像后输入到计算机中。

（2）校正处理。对进入处理系统的数据，必须进行辐射校正和几何纠正。

（3）变换处理。把某一空间数据投影到另一空间上，使观测数据所含的一部分信息得到增强。

（4）分类处理。根据地物光谱特征和几何特征，确定不同地物信息的提取规则。在此基础上，利用该规则从校正处理后的遥感数据中提取各种有用的地物信息。

（5）结果输出。处理结果可分为两种：一种是以模拟数据形式输出，即图像数据经D/A 变换后得到模拟数据，并输出到显示装置及胶片上；另一种是以数字数据形式输出，这类数据可直接成为地理信息系统等其他处理系统的输入数据。

1.3.3　遥感数字图像处理系统

数字图像处理需要借助数字图像处理系统来完成。遥感数字图像处理系统包括硬件系统和软件系统两大部分。

1.3.3.1　硬件系统

硬件系统是进行图像处理所必须具备的设备，包括输入、存储、处理、显示、输出等设备。

（1）输入设备。以不同方式存储的数据，需要不同的输入设备将原始数据输入到计算机中。存储在 CCT 磁带上的卫星图像数据，输入设备是磁带机；如果是卫星影像、航空像片这一类记录在胶片（相纸）上的数据，需要经过扫描，用光-电转换方式将影像数字化，输入设备有扫描数字化仪、飞点扫描器等；对于以线划符号描述信息的专业图件，则采用矢量数字化的方式，输入设备为数字化仪。

（2）处理系统。一个完整的处理系统包括计算机和显示设备。对计算机系统的要求是：有一定的计算速度、一定容量的内存和大容量磁盘存储器。显示设备用于观察、监测处理过程和结果图像，并能对图像进行一定的处理，显示设备中包括大容量的随机存储器阵列、彩色显示屏幕以及显示操作部件。遥感数字图像的数据量很大，需要大容量的存储设备来保存数据。常用的存储设备有磁盘、光盘、光盘塔、磁带等。

（3）输出设备。输出设备用于记录处理的结果。显示器是基本的图像显示设备。显示的图像可以通过硬拷贝转换到幻灯片、照片或透明胶片上。磁带机既是输入设备又是输出设备，绘图仪、打印机也是常用的输出设备。

1.3.3.2　软件系统

遥感数字图像处理系统包括系统软件和应用软件，应用软件又可进一步分为图像处理软件和专题应用软件。系统软件是现代计算机系统不可分割的组成部分，它的功能是对计算机系统资源进行集中管理（如处理器管理、存储管理、输入/输出设备管理以及文件管理等），以提高系统的利用率；它提供各种语言处理，为用户服务，是用户和计算机系统的一个界面。软件系统一般包括操作系统，各种语言编译、解释程序，服务程序以及数据库管理系统和网络通信软件等。

图像分析处理软件是指对遥感图像进行各种专题处理时，均要用到的一些基本的图像处理软件。如图像数据的格式转换、输入/输出，图像的校正、变换、增强、配准、镶嵌、显示，各种算术和逻辑运算，特征参数的提取及监督分类和非监督分类等。

专题应用软件是解决各种专业具体问题的软件。

下面介绍几种常用的遥感图像处理软件。

（1）ERDAS IMAGINE。ERDAS IMAGINE 是美国 ERDAS 公司开发的遥感图像处理系统。它以其先进的图像处理技术，友好、灵活的用户界面和操作方式，面向广阔应用领域的产品模式，服务于不同层次用户的模型开发工具以及高度的 RS/GIS（遥感图像处理和地理信息系统）集成功能，为遥感及相关应用领域的用户提供了内容丰富而功能强大的图像处理工具，代表了遥感图像处理系统未来的发展趋势。

ERDAS IMAGINE 面向不同需求的用户，对于系统的扩展功能采用开放的体系结构，以 IMAGINE Essentials、IMAGINE Advantage、IMAGINE Professional 的形式为用户提供了低、中、高三档产品架构，并有丰富的功能扩展模块供用户选择，使产品模块的组合具有极大的灵活性。

1）完整的一体化系统。ERDAS IMAGINE 系统的开发与软件工程原理构成完整一体化的系统，不是若干部分拼凑的，易于使用、开发、维护，全菜单操作，无论 UNIX 还是 Windows 平台均一样使用。直接支持与 GPS 的连接与驱动，获取野外数据并同时进行坐标转换。具有更加贴近应用的快速人工解译。使得在遥感影像上解译与标注更加快捷，并能快速绘图输出，可广泛应用于水利、军事与地矿等需要人工快速解译的部门及其他应用领域。

2）窗口管理得当。ERDAS IMAGINE 系统具有非常友好、方便地管理多窗口的功能。不论是几何校正还是航片、卫片区域正射校正以及其他与多个子窗口有关的功能，IMAGINE 都可将相关的多个窗口非常方便地组织起来，免去用户开关窗口、排列窗口、组织窗口的麻烦，应用方便，因而加快了产品的生产速度。IMAGINE 的窗口还提供了整倍的放大缩小、任意矩形放大缩小、实时交互式放大缩小、虚拟及类似动画游戏式漫游等工具，方便对图像进行各种形式的观看与比较。

3）图像读取直接。ERDAS IMAGINE 系统具有十分丰富的栅格图像及矢量图形直接读取及转换功能，它支持多种数据格式。特别是对常用的 TIFF 格式可以直接进行操作，可以不经转换地读取、查询、检索其 Coverage、GRID、SHAPEFILE、SDE 矢量数据，并可以直接编辑 Coverage、SHAPEFILE 数据，这对于人工解译非常方便，将 RS/GIS 紧密结合在一起，减少工序，提高效率。另外，还可以直接作为 ArcSDE（空间数据管理引擎）的客户端，读取关系数据库里面的矢量数据与影像数据，这在建立影像库与应用当中是很好的客户服务器结构应用典范。

4）支持海量数据。ERDAS IMAGINE 系统支持海量数据，如果操作系统及磁盘允许，其图像可以达到 48TB 大小（其他软件不超过 2GB）。可以直接读取 MrSid 压缩图像以及 SDE 数据，为海量数据的管理及应用提供了可能。

5）提供高分辨率的工具。ERDAS IMAGINE 在传统多光谱分类方法基础之上，还提供了专家工程师及专家分类器工具，为高光谱、高分辨率图像的快速高精度分类提供了可能。此工具突破了传统分类只能利用光谱信息的局限，可以利用空间信息辅助分类。此工具可将积累的几乎所有数字信息进行分类，是分类应用的一大飞跃。在高光谱影像处理方面，在已有功能的基础之上，又增加了 4 个专业处理与分类工具：异常检测、目标检测、物质成分制图、物质标志工具。

6）可进行客户化编辑。ERDAS IMAGINE 系统提供了图形化模型构造工具，用户可以对本身应用的功能进行客户化的编辑，满足自己专业的独特需求。还可以将自己多年探索、研究的成果及工作流程以模型的形式表现出来。模型既可以单独运行也可以和界面结合像其他功能一样运行。其提供的批处理功能既可以一次完成多个同样的操作，也可以将多个相连接的过程合并为一个来处理完成。通过设置处理时间可以避开计算机的繁忙时段，减少用户的干预，加快处理速度。

7）强大的三维可视化分析工具。ERDAS IMAGINE Virtual GIS 是强大的三维可视化分析工具，它超越了简单的三维显示或者建立简单的飞行穿行观察，还可以在野外或空中记录 GPS 的坐标作为飞行路线，然后回室内回放。能够在真实的虚拟地理信息环境中（具有真实大地坐标与投影）交互处理，可以进行洪水淹没评估、不同观测站间的可视性分析及视线区分分析。可以通过设置雾浓度、太阳高度、水波纹，特别是可以沿点/线/面的矢量数据所确定的范围直接快速叠加三维模型来模拟真实情况，还可让景观中的模型沿各自的路线飞行。

本教程配套的遥感图像处理实训采用 ERDAS IMAGINE 软件。

（2）ENVI。ENVI（The Environment for Visualizing Images）是一套功能齐全的遥感图像处理系统，是处理、分析并显示多光谱数据、高光谱数据和雷达数据的高级工具。获得 2000 年美国权威机构 NIMA 遥感软件测评第一。

ENVI 包含齐全的遥感影像处理功能：常规处理、几何校正、定标、多光谱分析、高光谱分析、雷达分析、地形地貌分析、矢量应用、神经网络分析、区域分析、GPS 连接、正射影像图生成、三维图像生成、丰富的可供二次开发调用的函数库、制图、数据输入/输出等功能组成了图像处理软件中非常全面的系统。对处理的图像波段数没有限制，可以处理最先进的卫星格式，如 Landsat7、IKONOS、SPOT、RADARSAT 等，并准备接受未来所有传感器的信息。

1）良好的图形用户界面。ENVI 的图形用户界面直观方便，操作便捷。用户还可以借助 ENVI 的底层开发语言 IDL 定制 GUI，以满足自己特定的图像处理需求。

2）高光谱和多光谱数据的处理与分析。ENVI 能够充分提取图像信息，具备全套完整的遥感图像处理工具，能够进行文件处理、图像增强、掩膜、预处理、图像计算和统计、完整的分类及后处理工具，及图像变换和滤波工具、图像镶嵌、融合等功能。ENVI 遥感图像处理软件具有丰富完备的投影软件包，可支持各种投影类型。同时，ENVI 还创造性地将一些高光谱数据处理方法用于多光谱影像处理，可更有效率地进行知识分类、土地利用动态监测。

3）便捷地集成栅格与矢量数据。ENVI 包含所有基本的遥感影像处理功能，如校正、定标、波段运算、分类、对比增强、滤波、变换、边缘检测及制图输出功能，并可以加注汉字。ENVI 具有对遥感影像进行配准和正射校正的功能，可以给影像添加地图投影，并与各种 GIS 数据套合。ENVI 的矢量工具可以进行屏幕数字化、栅格和矢量叠合，建立新的矢量层、编辑点、线、多边形数据，缓冲区分析，创建并编辑属性并进行相关矢量层的属性查询。

4）强大的空间三维建模分析与虚拟 GIS 能力。利用 ENVI 可进行空间建模分析和虚拟 GIS 分析，ENVI 具有三维地形可视分析及动画飞行功能，能按用户指定路径飞行，并能将动画序列输出为 MPEG 文件格式，便于用户演示成果。如果影像及 DEM 均具有地理编码，ENVI 将自动叠合它们的重叠区域，用户即可快速便捷地浏览三维地形的飞行效果。

5）独有的大气校正模块。ENVI 的扩展模块 FLAASH 专门对波谱数据进行快速大气校正分析，可以处理任何高光谱数据、卫星数据和航空数据（860nm/1135nm），这些数据是由 HyMAP、AVIRIS、CASI、HYDICE、HYPERION（E0 - 1）、AISA、HARP、DAIS、Probe - 1、TRWIS - 3、SINDRI、MIVIS、OrbView - 4、NEMO 等传感器获得的。FLAASH 还可以校正垂直成像数据和侧视成像数据。

6）强大的二次开发能力。ENVI 地底层开发平台 IDL 是一个科学数据可视化的理想工具。美国 RSI（Research System Inc.）的交互式数据语言 IDL 是进行二维及多维数据可视化表现和分析以及应用开发的理想软件工具。作为面向矩阵、语法简单的第四代可视化语言，IDL 致力于科学数据的可视化和分析，是跨平台应用开发的最佳选择。它集可视、交互分析、大型商业开发为一体，为用户提供了完善、灵活、有效的开发环境。

（3）eCognition。eCognition 是一家初创于 2000 年 5 月的德国软件公司，专注于使用计算机手段从遥感影像中提取信息。eCognition 软件产品线主要包括 eCogniton Suite 以及 eCognition Essentials。前者又具体包括 eCognition Developer（开发与分析环境）、eCognition Server（定制划应用），以及 eCognition Architect（处理环境）三个组件。这些相关的开发、分析、定制以及应用的软件组件可以根据客户需求，在相关的专业人士手中发挥强大的影响处理功能，并囊括从数据生产，影像处理到数据转换和数据发布的所有流程。而 eCognition Essentials 则是基于 eCognition Suite 开发出的即用型地标分类覆盖分类软件。任何水平的用户经过简单的熟悉，就可高效智能地得到高质量的可直接用于 GIS 以及相关用户所需要的数据成果。

eCognition 软件的主要原理在于它采用的多尺度分析技术，并融合和使用不同来源的数据，包含栅格数据和 GIS 矢量数据，从而可以使用所有数据的潜在信息。另外，它的使用面向对象的分析技术，即：不仅仅单独针对像素进行分析，而是基于像素以及与其相邻的其他像素的颜色、形状、纹理特征，将同类像素组成一个对象，然后对其（一组像素组成的对象）进行具体分析和处理。

eCognition 提供的专业分类工具包括：

1）多源数据融合工具：可用来融合不同分辨率的对地观测影像数据和 GIS 数据，如 Landsat、Spot、IRS、IKONOS、QuickBird、SAR、航空影像、LIDAR 等，不同类型的影像数据和矢量数据同时参与分类。

2）多尺度影像分割工具：可用来将任何类型的全色或多光谱数据以选定尺度分割为均质影像对象，形成影像对象层次网络。在对象层次机构中，小对象是大对象的子对象，每一个对象都有它的上下文、邻居、子对象和父对象，由此来定义对象之间的关系，影像对象的属性和对象之间的关系可用于进一步的分类。

3）基于样本的监督分类工具：是一个简单、快速、强大的分类工具，影像对象是通过单击训练样本来定义。

4）基于知识的分类工具：用户运用继承机制、模糊逻辑概念和方法以及语义模型可以建立用于分类的知识库。

eCognition 可以进行基于样本的监督分类或基于知识的模糊分类，二者结合分类以及人工分类，影像对象和分类结果易于导出常用 GIS 数据格式，可用于集成或更新 GIS 数据库。

第2章 数据分析与准备

2.1 基 础 知 识

随着国民经济建设的发展和科学技术水平的提高,航空摄影测量成图方法成为测制中小比例尺国家基本地形图、大比例尺与大面积地形、地籍测绘的主要方法。与常规地形测量相比,航测成图方法具有速度快、成本低、数字化程度高等特点。摄影测量的作业过程主要包括航空摄影、航测外业和航测内业,最终提供客户或用图单位所需要的各种各样的测绘产品。

2.1.1 航空摄影

航空摄影就是在专用飞机上安装航空摄影机,通过对地面的连续摄影,获取所摄地区的原始航摄资料或信息。其中,航空摄影机也称航摄仪,是航空摄影的主要仪器。目前常用的航空摄影机有 RC30、DMC、ADS4O、Ultracam-D 等。

航空摄影按摄影方式分为竖直摄影和倾斜摄影两种。摄影主光轴倾角小于 2°～3° 称之为竖直摄影。摄影主光轴偏离铅垂直位置的倾斜角大于 2° 时就称为倾斜摄影。竖直摄影外方位元素角元素较小,有利于开展测图。倾斜摄影可获取城市建筑物立面图像,进行三维建模。本书所用影像为竖直摄影获得的航空影像。

摄影测量对航空摄影的要求:

(1)航摄仪在曝光瞬间,物镜主光轴保持垂直地面,即像片倾角小于 2°～3°。

(2)沿航线方向上相邻两张像片应有一定的重叠影像,称为航向重叠,一般要求55%～65% 的重叠度;相邻航线之间的影像重叠,称为旁向重叠,要求有 30% 左右的重叠度。

(3)同一航线内最大航高与最小航高之差不得大于 30m。

(4)航线弯曲最大偏离值与航线全长之比不大于 3%。

(5)像片旋偏角不得大于 6°。

2.1.2 像片控制测量

航测外业主要包括像片调绘和像片控制测量。像片调绘的内容将在第6章进行详细介绍。本节主要介绍像片控制测量的相关内容。

像控点是航测内业加密控制点和数据采集的重要依据。像片控制测量就是野外实测所有布设的像控点的平面坐标和高程值。像控点是航测内业加密控制点和数据采集的依据,分为平面控制点、平高控制点、高程控制点 3 种。平面控制点仅测定平面坐标,高程控制点仅测定高程,平高控制点需测定平面坐标及高程。

像控点一般布设在航向及旁向六片或五片重叠范围内,尽可能使布设的像控点能够公用,并且尽量使点位矩形分布。像控点的布点方案有以下 3 种:全野外布点、区域网布点、航线网布点。这 3 种方法可以单独采用,也可以混合采用。

　　像片平面控制测量当前使用最普遍的方法是 GPS 测量,有时候也采用光电测距导线测量像控点。高程控制测量可以根据精度要求采用不同的方法,一般常用的方法有水准测量,GPS 拟合高程。

2.2　数　据　分　析

　　本教程采用的实验数据是 VirtuoZo 附带的 hammer 测区数据,hammer 测区是一个高山矿区,如图 2.1 所示整个测区包含 2 个航带,6 张航空影像,影像分辨率为 0.0045mm,摄影比例尺为 1:15000,摄影航高为 3000m,航摄相机为 WILD 15/4,摄影主距 152.72mm,每张影像对应附带一张缩略图。

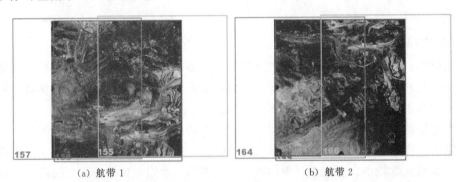

(a) 航带 1　　　　　　　　　　　　　　　　(b) 航带 2

图 2.1　影像数据

　　测区数据包括影像数据、相机文件、控制点文件和控制点点之记文件。相机文件包括说明文件 cmr. rc30_ham2. rtf 和参数文件 Hammer. cmr。该测区总共 15 个控制点,控制点文件 gxyz. hamersley,控制点点之记存储在 PointPos 文件夹下,同时在影像上也有控制点点号标注。在测区的 hammerIndex. html 中可以查看测区相关信息和测图要求。

2.3　数　据　准　备

2.3.1　实训目的和要求

　　(1) 熟悉 VirtuoZo 数字摄影测量系统软件的总体概况。

　　(2) 了解测区文件的组织结构。

　　(3) 掌握测区和模型的构建。

2.3.2　实训内容

　　(1) 利用 hammer 实验数据建立测区,修改测区参数。

　　(2) 输入相机参数、控制点数据等。

（3）引入测区的 6 张航空影像，建立测区所包含的 4 个模型。

2.3.3 实训指导

1. 建立或打开测区

测区是摄影测量处理的航空影像所对应的地面范围（或区域）。新建一个测区时，首先创建一个测区文件夹，然后在 VirtuoZo 界面上，单击"文件→打开测区"菜单项，弹出打开或创建测区的对话框，输入测区文件名，将测区文件保存到测区文件夹，如图 2.2 所示。

图 2.2 新建测区

测区文件创建完成后，系统会自动生成测区文件保存在测区文件夹下，同时弹出测区参数设置对话框，如图 2.3 所示。

图 2.3 测区参数设置

在测区参数设置对话框中，设置控制点文件、加密点文件和相机检校文件路径，在设置之前，3 个文件必须拷贝放入测区文件夹中。修改测区参数，将航带数修改为 2，其他参数采用默认值。

如果要打开已有测区，单击"文件→新建/打开 测区"菜单项，弹出打开或创建一个测区对话框，找到测区文件，单击"确定"按钮，系统打开测区。

2. 创建相机参数

选择主界面下的"设置→相机参数"菜单项来设置相机参数。首先在相机文件列表中选择相机文件 hammer.cmr，单击"修改"按钮，弹出如图 2.4 所示对话框。然后在弹出的"相机检校参数"对话框中输入相机检校参数。有两种方式进行输入：一是根据 cmr.rc30_ham2 文件，手动输入框标坐标、像主点坐标和相机焦距；二是选择左下方的"输入"按钮，选择已有的相机参数文件进行导入。最后，单击"确定"按钮保存相机参数。

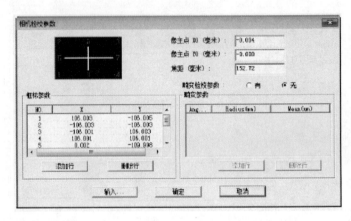

图 2.4　相机检校参数对话框

3. 创建控制点文件

选择主界面下的"设置→地面控制点"菜单项，弹出如图 2.5 所示"控制点数据"对话框。在弹出的对话框中输入控制点数据。有两种方式进行输入，一是根据 gxyz.hamersley 文件，手动输入控制点三维坐标，输入完成后单击"交换 X/Y"按钮交换控制点的 X 坐标和 Y 坐标；二是单击左下方的"输入"按钮，选择已有的控制点数据文件进行导入。最后，单击"确定"按钮保存控制点文件。

图 2.5　控制点数据对话框

4. 引入影像文件

VirtuoZo 在进行摄影测量处理时使用的是系统自定义格式文件，建立测区后，需引入用于后续处理的影像数据，同时将影像格式转换为 VirtuoZo 的 VZ 格式。

在 VirtuoZo 界面上，单击"设置→输入影像"菜单项，弹出输入影像对话框，如图2.6 所示。

图 2.6　输入影像对话框

将像素大小修改为 0.0445。单击"增加"按钮，弹出"文件选择"对话框，选取所有要添加的影像，单击打开导入列表，在列表中会显示添加的影像文件路径、文件名等信息。

注意：第二条航线的三张影像需要进行相机旋转。选中第二条航带影像，单击"选项"按钮，弹出"转换选项"对话框，将旋转相机选项设置为"是"，如图2.7 所示。

单击"处理"按钮，完成所有影像的引入和格式转换，转换后的影像文件保存在测区文件夹下的 images 文件夹下，影像格式为 VZ 格式。

5. 新建或打开模型

测区包含两条航带共 4 个立体像对，每个立体像对对应一个模型：157 - 156，156 - 155，164 - 165，165 - 166 4 个模型。

单击 VirtuoZo 系统主菜单"文件→新建/打开模型"菜单项，弹出打开或创建模型对话框，输入模型文件名，单击"打开"按钮，系统将弹出如图 2.8 所示"设置模型参数"对话框。

模型文件夹、模型的临时文件夹和产品文件夹自动生成默认目录，设定模型使用的左、右影像文件路径，左右影像必须选择影像引入后保存在测区 images 文件夹下的影像文件，单击"打开"，系统自动在测区文件下生成模型文件和模型文件夹。

如果打开一个已创建的模型，单击"文件→新建/打开模型"菜单项，弹出一个打开或创建模型对话框，选择模型文件，单击"打开"VirtuoZo 就会把它加载入系统。选择设置菜单下的模型设置即可进行参数设置。

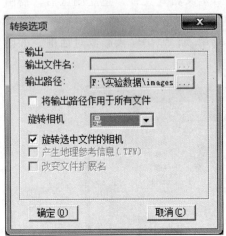

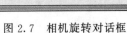

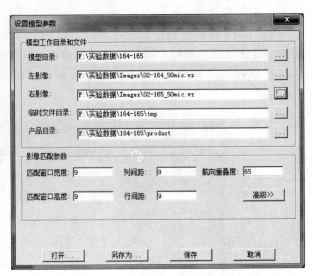

图 2.7　相机旋转对话框　　　　　　　图 2.8　设置模型参数对话框

第3章 解析空中三角测量

3.1 基 础 知 识

应用航摄像片（简称航片）测绘地形图必需有一定数量的地面控制点坐标，这些控制点若采用常规的大地测量方法，需要在坚苦的野外作业环境和复杂的地形条件下，耗费相当的人力、物力和时间。解析空中三角测量的出现，极大地改变了这种情况。解析空中三角测量是指用摄影测量解析法确定区域内所有影像的外方位元素，即根据影像上量测的像点坐标及少量控制点的大地坐标，求出未知点的大地坐标，使得已知点增加到每个模型中不少于4个，然后利用这些已知点求解影像的外方位元素，因而解析空中三角测量也称为摄影测量加密。这些由像片点解求的地面控制点，也称为加密点。

解析空中三角测量按照平差中采用的数学模型可分为航带法、独立模型法和光束法。根据平差范围的大小，可以分为单模型法、单航带法和区域网法。单模型法是在单个立体像对中加密大量的点或用解析法高精度地测定目标点的坐标。单航带法是以一条航带构成的区域为加密单元进行解算。区域网法是对由若干条航带组成的区域进行整体平差。

利用解析空中三角测量进行加密控制点，一般是按照若干条航带构成的区域进行整体平差，常用的区域网平差方法包括航带法区域网平差、独立模型法区域网平差和光束法区域网平差。

1. 航带法区域网平差

如图3.1所示，航带法区域网平差是以单航带为基础，利用航带之间的公共点和外业控制点，把整个区域内的各条航带都纳入到统一的摄影测量坐标系统中，然后各航带按非线性变形改正公式同时解算各航带的非线性改正系数，进而求得整个测区内全部待定点的地面坐标。

其主要步骤如下：

（1）建立自由比例尺的单航带网。首先把许多立体像对构成单个模型，每个模型像空间辅助坐标系的坐标轴向保持彼此平行，只是坐标原点及模型比例尺不一致。然后从左到右将航带中的单个模型进行比例尺的归化，统一坐标原点，使全航带内各模型连接成一个统一的自由航带网，计算模型点在统一坐标系中的坐标。

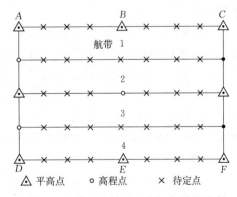

图 3.1 航带法区域网空中三角测量示意

（2）航带模型的绝对定向及建立区域网。用本航带的控制点及上一条相邻航带的公共点为依据，进行本航带的三维坐标变换。把整个测区内的各航带都纳入到统一的摄影测量坐标系中，解算出模型点在区域网中的坐标。

（3）区域网整体平差。根据航带网中控制点的内、外业坐标相等，以及相邻航带间公共连接点上的坐标相等为平差条件，进行整体求解每条航带的非线性改正参数。

2. 独立模型法区域网平差

如图 3.2 所示，独立模型法区域网平差是以模型为单位，利用每个模型与所有相邻模型重叠区域内（航向、旁向）的公共点和外业控制点，进行整体求解每个模型的 7 个绝对定向元素。

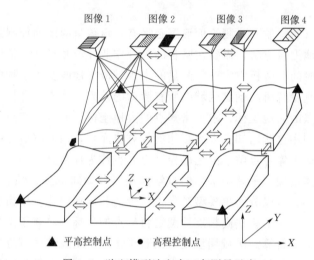

图 3.2　独立模型法空中三角测量示意

独立模型法区域网平差作业的流程为：

（1）采用单独像对相对定向方法建立单元模型，获得各单元模型的模型点坐标，包括摄影站点。

（2）利用相邻模型间的公共点和所在模型中的控制点，各单元模型分别作三维变换。按各自的条件列出误差方程式，并组成法方程式。

（3）建立全区域的改化法方程式，并按循环分块法求解，求出每个单元模型的 7 个参数。

（4）由求得的每个模型的 7 个参数，计算每个单元模型中待定点平差后的坐标。若为相邻模型的公共点，则取其平均值为最后结果。

3. 光束法区域网平差

如图 3.3 所示，光束法区域网平差是以一张像片组成的一束摄影光线作为平差计算的基本单元。通过各个光束在空中的旋转和平移，使模型之间公共点的光线实现最佳的交会，同时使整个区域最佳地纳入到已知的控制点坐标系统中去。

光束法区域区平差作业流程为：

（1）获取每张像片外方位元素及待定点坐标的近似值。

（2）从每张像片上的控制点、待定点的像点坐标出发，按每条摄影光线的共线条件列出误差方程式。

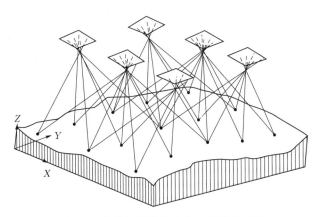

图 3.3 光束法区域网空中三角测量示意

（3）逐点法化建立改化法方程式，按循环分块的求解方法，先求出其中的一类未知数，通常先求每张像片的外方位元素。

（4）按空间前方交会求待定点的地面坐标，对于相邻像片的公共点，应取其均值作为最后结果。

与前两种方法相比，光束法区域网平差是最严谨的一种解法，误差方程式直接对原始观测值列出，能最方便的估计影像系统误差的影响，便于引入非摄影测量附加观测值，如导航数据和地面测量观测值。随着摄影测量技术的发展和计算机水平的提高，该方法得到了广泛的应用，并且已经成为解析空中三角测量的主流方法。航带法平差常被用于获得光束法平差的初值，以及精度要求不高的情况。

3.2　实 训 目 的 和 要 求

（1）熟悉解析空中三角测量的整个作业流程。

（2）利用航摄像片和少量的地面控制点，求解满足精度要求的加密点地面坐标。

3.3　实 训 内 容

（1）准备资料。

（2）确定自动内定向模板，进行自动内定向。

（3）在相邻的航线之间人工量测数个同名点作为种子点。

（4）根据平差报告按照指定的布局方式挑选连接点。

（5）不足加密点的添加。

（6）误差超限加密点的编辑。

3.4　实 训 指 导

VirtuoZo 提供了专门用于解析空中三角测量的模块 VirtuoZo AAT，模块内集成全球知名平差软件 PATB。该模块除半自动量测控制点之外，其他所有作业（包括内定向、选取加密点、加密点转点、相对定向、模型连接和生成整个测区像点网）都可以自动完成。其作业流程如图 3.4 所示。

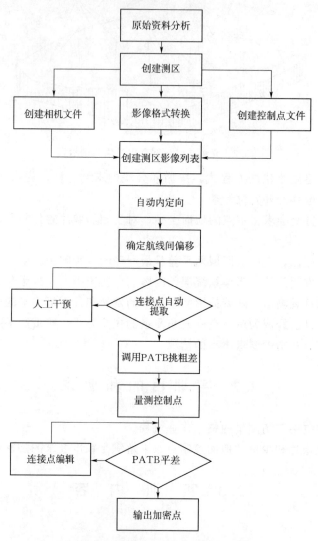

图 3.4　解析空中三角测量作业流程

3.4.1　建立测区

1. 设置测区参数

打开 VirtuoZo AAT，单击"文件→新建测区"菜单项，创建新测区。新测区的参数设置界面如图 3.5 所示。

该对话框第一栏中的文本框自上而下依次为：测区目录，加密点文件，相机文件和摄影比例尺。测区参数设置步骤如下：

（1）设置测区目录，可以直接输入，也可以单击右边的浏览按钮，选择一个已经存在

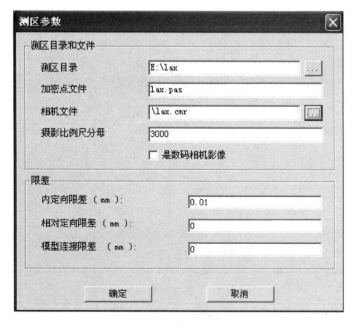

图 3.5　测区参数设置

的目录。

（2）输入测区的加密点文件名，通常不含路径。

（3）输入相机文件名，单击右边的浏览按钮可以进入输入相机文件的界面。

（4）输入测区的摄影比例尺。

该对话框第二栏中的文本框中用于设置限差，依次为内定向限差，相对定向限差和模型连接限差。系统为它们设定了默认值，一般建立新测区时用户无需进行设置。

2. 建立相机文件

单击"设置→设置相机"菜单项，建立相机文件或修改相机参数。如果测区中存在多个相机文件，系统会首先弹出如图 3.6 所示的对话框，要求用户选择一个相机文件。

选择所要修改的相机文件，设置相机参数，如图 3.7 所示。

界面共分为两个部分，左边部分主要用于输入框标的像点坐标；右边部分用于输入像主点坐标、相机主距以及畸变差改正参数等。

（1）左边部分。相机的框标分布有 3 种情况：4 个角框标（4 corner masks）、4 个边框标（4 border masks）和 8 个框标（8 masks）。以 4 个角框标为例：当用户选中此项时，右方的 4 个角上的文本框中的数字即可编辑，下面列表框中的框标名称也将与之相对应，列表框中 X 和 Y 列分别表示框标的横坐标值和纵坐标值，最后一列（enable）用于设定该框标是否参与内

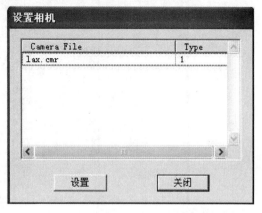

图 3.6　相机文件选择对话框

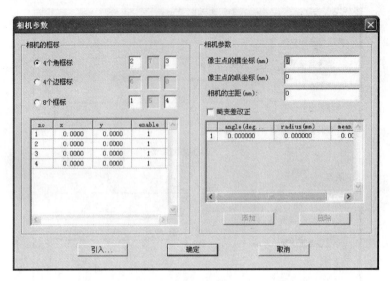

图 3.7　相机参数设置

定向："1"表示参与内定向；"0"表示不参与内定向。

（2）右边部分。

像主点横坐标值 X0（mm）。

像主点纵坐标值 Y0（mm）。

相机的主距（mm）。

3. 输入外业控制点

单击"设置→控制点"菜单项，系统弹出如图 3.8 所示控制点输入界面。列表框中自

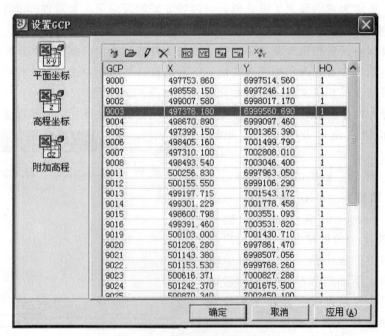

图 3.8　外业控制点输入界面

左向右依次为控制点点号，控制点 X、Y 和 Z 坐标，控制点的平面组号和高程组号。列表框中的工具条  的功能一次是：添加控制点、导入控制点文件、编辑控制点、删除控制点、平面分组、高程分组、加附加高程、减附加高程、交换 XY 坐标。当控制点的横、纵坐标输反时，可通过单击"交换 XY 坐标（ ）"按钮来交换其顺序。若要删除其中某个控制点或多个控制点，可选中该点或多个控制点，然后单击"删除控制点（ ）"按钮，即可删除。

4. 影像格式转换

单击"设置→引入影像"菜单项，启动影像格式转换程序如图 3.9 所示。单击"增加"按钮，弹出文件选择对话框，用户可选择一个或多个影像文件参与转换，被选择的影像文件显示在界面上。单击"处理"按钮，界面上所有的文件将依次被转换成 VirtuoZo 系统所要求的影像格式，并自动生成其影像参数文件，即<影像名>.spt 文件，其参数记载了该影像的高、宽、扫描像素大小及相应文件名等。

单击"Option"按钮，可以设置所选文件的输出路径和文件的相机旋转设置。

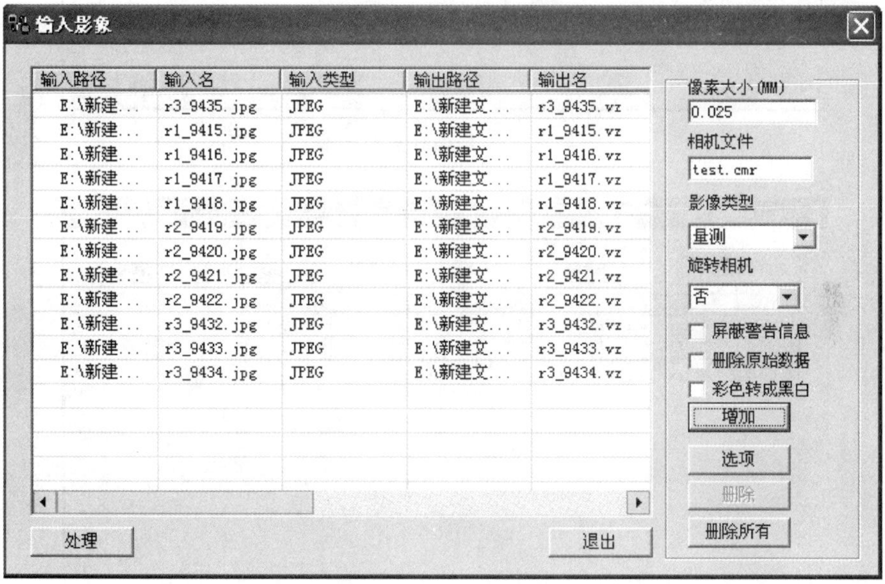

图 3.9 影像格式转换

5. 建立测区影像列表

单击"空三→影像列表"菜单项，系统弹出建立和修改测区内航带和影像信息对话框如图 3.10 所示。

单击"增加"按钮载入影像，将测区的像片列表建立好以后，单击界面下方的"下一步"按钮，进入像片参数设置界面，如图 3.11 所示。

在完成像片参数的修改编辑后，单击界面最下方的"完成"按钮结束整个操作。

图 3.10　影像列表对话框

图 3.11　像片参数设置

3.4.2　自动内定向

内定向是数字摄影测量的第一步，其目的是确定扫描坐标系和像片坐标系之间的关系以及数字影像可能存在的变形。数字影像的变形主要是仿射变形，因此内定向操作本质上可以归结为求解 6 个仿射变换系数。为了求解这些参数，需要观测 4 个或 8 个框标的扫描坐标和像片坐标，并进行平差计算。

影像内定向操作主要包括两个步骤：框标模板的建立和检查自动内定向结果。

1. 框标模板的建立

单击 AAT 主界面上的菜单项"空三→内定向"，启动内定向模块，系统弹出影像选择对话框，如图 3.12 所示。

选择要处理的影像进行内定向处理。在进行全测区内定向之前，首先要建立框标模板文件。为了建立清晰的框标模板，应该从影像列表框中选择一个最清晰（框标）的影像，单击"处理"按钮进入图 3.13 所示的框标模板创建界面。

界面左边为影像窗口，显示了影像的全貌，右边小窗口则显示了某一框标的放大影

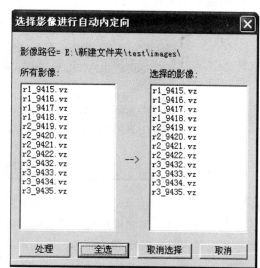

图 3.12　影像选择对话框

像。在坐标窗口的四角或四边上会有白色小框围住框标，若不是这种情况，就用鼠标左键在

图 3.13　框标模板创建

各框标附近点一下，待白框围住框标后，单击左窗口下的"接受"按钮，程序开始对框标进行定位并自动生成框标模板文件，即"空三安装目录 \ bin \ Mask. dir \ ＜相机名＞_mask"文件。然后选择内定向影像，激活全自动内定向模块。

　　注意：在主界面中单击"工具→查看摄影机框标模板"菜单项，可查看框标的模板文件。

2. 检查自动内定向结果

创建框标模板以后，系统将自动进行内定向，计算结果显示在如图 3.14 所示窗口中。

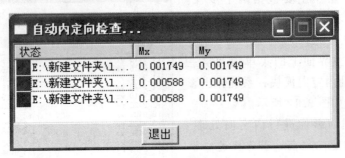

图 3.14　内定向结果

在列表中，自左向右依次为影像名称、内定向 x 坐标中误差、y 坐标中误差，列表中还显示了自动内定向的状态，在各影像左边有一个小的标记，其中：

　　☑ 表示内定向精度符合要求。

　　? 表示某个框标自定定位失败，但是剩余框标仍可进行内定向，因此需要检查。

　　✕ 表示内定向精度很差或自动内定向失败，必须人工交互处理。

在列表中任意选择一张影像，对应于该影像的内定向结果将会显示在如图 3.15 所示的内定向结果编辑界面中。

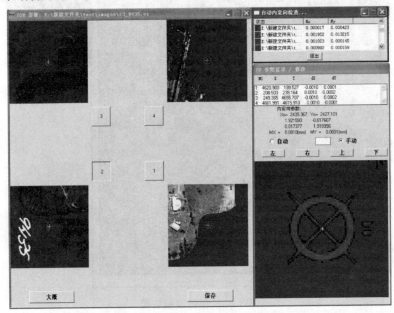

图 3.15　内定向结果编辑

内定向结果编辑界面说明：

框标影像窗口（Window2）：每一小窗口显示一个框标，中间的 4 个或 8 个按钮分别对应 4 个框标，单击按钮，则当前框标将在框标放大显示窗口中放大显示。

框标放大显示窗口（Window3）：放大显示所选择的框标。

自动：由程序自动精确对准框标的中心。

手动：由人工精确对准框标的中心。

大概：进入框标模板界面，由人工给出框标的近似位置。

保存：保存内定向参数。

退出：退出内定向模块。

框标调整说明：

在自动寻找框标失败的情况下，按下列方法分别调整框标的位置：

若选中"自动"选项，只需要用鼠标左键在框标中心附近单击即可，此时程序将自动精确对准框标的中心。

若选中"人工"选项，此时框标给定的位置即为结果位置，然后用微调按钮（左/Left、右/Right、上/Up、下/Down）进行调整。在进行微调时，内定向结果的参数会实时变化。

若寻找框标完全失败，即在 Window2 的 4 个或 8 个小窗口中，只要有一个根本找不到框标，单击 Window2 下方的"大概"按钮重新进入框标模板的创建界面，重新给定近似值。调整完毕后，单击"保存"按钮，保存内定向参数。

3.4.3 确定航线间的偏移量

航线间的偏移量是用来表示航线之间相互关系的参数。为了在航线之间自动转点，需要知道航线之间的相互关系，通常只需在相邻航线之间人工量测数个同名点（航线间偏移点），系统将根据这些偏移点自动计算出航线间的偏移量。

在 AAT 主菜单中，单击"空三→航带间偏移量"菜单项，系统将出现如图 3.16 所示界面。

工具条按钮说明：

工具条 中按钮的功能依次为：自动匹配、手动匹配、自动转点、寻找航带偏移点、删除航带偏移点、精确量测航带偏移点、给航带偏移点命名和存储当前的改动。

窗口说明：

此界面共分为 4 个影像显示子窗口，上下分别显示不同航带的相邻两张影像，左右分别显示航带内相邻两张影像。右方的列表框分为上下两个子窗口，分别显示上下两条航带的影像列表。

操作说明：

进入图 3.16 所示航线间偏移点量测窗口后，首先选择相应的上下两条航带，影像列表中将顺序显示与当前航带对应的影像名称，左方的影像列表缺省显示选中航带的前两张影像；然后在上下两条航带的影像列表中，使用鼠标左键选择将要寻找同名点的对应影

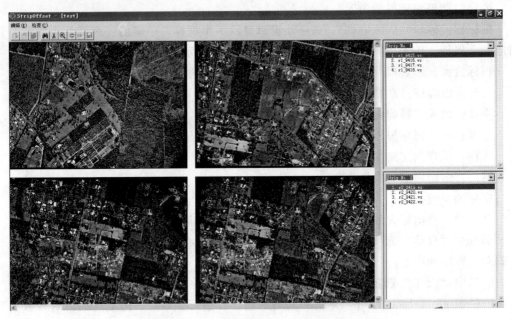

图 3.16　航线间偏移点量测窗口

像，左方的影像显示框将显示选中的影像和与之相邻的下一张影像；最后分别在显示的 4 张影像上寻找相对应的同名点。单击工具条中精确量测航带偏移点按钮（ ），进入精确量测点界面，如图 3.17 所示。

　　每张影像下方均显示   工具条，其中工具条按钮的功能依次为：

　　 确定此片是否为主片（若此影像下方灯亮显示为绿色，则表示该片被设为主片，其他灯都将被关掉，即不设为主片）。

　　 确定是否显示影像，若按钮显示为黄色，影像显示；否则影像不显示。

　　 分别表示对影像进行上移、下移、左移、右移操作。

　　 分别表示测标上移、下移、左移、右移一个步距。

　　寻找同名点时，如果选择自动匹配按钮   ，在设为主片的影像上用鼠标左键选中某特征点时，其他的影像将自动匹配到该点处。若该点特征不明显，程序在其他影像上无法自动匹配到该点，此时会给出提示信息；如果选择手动匹配按钮   ，此时在任何一张影像上单击鼠标左键时，其他影像上的点位不会自动匹配该点，用户可通过放大影像精确调整每张影像上的同名点点位。如果在主片上调整了点位后，用鼠标左键按下自动匹配按钮   ，此时鼠标左键单击自动转点按钮   ，主片所选中的点位将自动转向其他像片。

　　注意：同名点的选择应遵循如下原则：

　　（1）同名点应在不同的航带间选取。

30

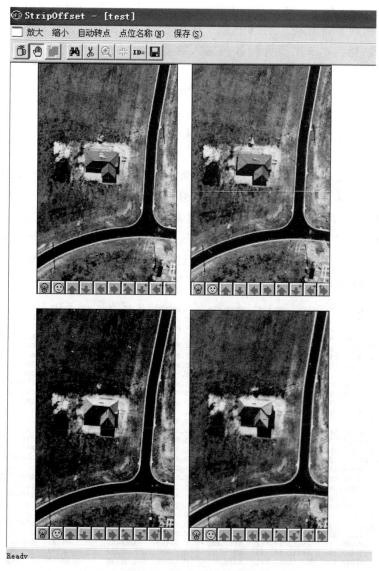

图 3.17　精确量测点界面

（2）所选的同名点不能过于接近影像的边缘。

（3）选取的同名点点位应保证该点在同一航带间有至少两度重叠。

（4）航带间至少应选取两对以上的航带偏移点，对于航带间航偏角变化较大的航带，应尽可能多地选取航带偏移点，以保证航带间能建立连接。

（5）若存在交叉航带，则交叉航带组间也应添加航带偏移点，并且要保证所选航带偏移点不少于 3 个，且尽量避免所选点位的连线接近一条直线。

（6）每条航带偏移点应尽量精确对点，保证是同名点。

3.4.4　输入 GPS 参数

GPS 辅助空中三角测量就是利用 GPS 动态定位原理获取航摄飞行中摄站点相对于该

地面基准点的三维坐标,并将其作为辅助数据应用于光束法区域网平差中,从而可以节省大量的地面控制点。VirtuoZo AAT 提供了使用 GPS 和 INS 惯性导航数据进行自动转点和联合平差的功能。本节主要介绍如何输入这些数据已备后续的自动转点和联合平差使用。

在 VirtuoZo AAT 中输入 GPS 和 INS 参数时需要注意以下几点:

(1) 创建测区时需要输入正确的摄影比例尺。

(2) 在影像列表设置时要输入影像索引编号。

具体操作流程如下:

准备一个文本文件输入 GPS 或者 INS 参数,文本文件格式共有两种:第一种文本文件共有 8 列数据,从左到右依次是像片索引编号、摄站坐标(X、Y、Z)、方位角(φ、ω、κ)、摄站时刻,如图 3.18 所示;第二种文本文件共有 7 列数据,从左到右依次是像片索引编号、摄站坐标(X、Y、Z)、方位角(φ、ω、κ),如图 3.19 所示。如果没有 INS 数据,可以将(φ、ω、κ)的值设为零。准备这个文件时可以选择这两种格式中的任一格式,但必须保证像片的索引编号与前面在像片列表中设置的完全一样。

3701	2105241.973	16022498.113	6509.623	-1.04997	0.05668	198.47243	235038.178830
3702	2107082.747	16022535.323	6505.270	-0.37472	0.03436	197.76139	235044.575490
3703	2108944.928	16022567.312	6517.402	0.23708	-0.71585	198.93126	235051.071250
3704	2110795.493	16022595.632	6513.103	0.13310	-0.57694	199.29016	235057.569150
3705	2112643.009	16022639.712	6512.563	-0.35635	-0.35950	-199.92876	235064.064100
3706	2114484.249	16022680.363	6525.349	0.15354	-0.39426	-199.43844	235070.560110
3707	2116322.523	16022705.715	6526.976	0.31633	-0.11273	-199.15102	235077.056290
3807	2116926.913	16019325.661	6554.150	1.38774	1.48806	4.76791	235189.890950
3806	2115082.418	16019297.469	6577.306	1.42927	0.48402	4.37095	235196.587580
3805	2113232.609	16019239.564	6581.989	0.71638	-0.58276	4.36920	235203.282460
3804	2111368.375	16019176.405	6589.233	0.39032	-0.13739	4.40497	235209.980270
3803	2109529.079	16019110.755	6607.069	-0.10807	0.19214	1.55279	235216.576010
3802	2107664.803	16019056.650	6620.016	-0.66668	0.12948	1.70711	235223.271610
3801	2105833.119	16019011.694	6638.555	-0.14351	0.60561	1.63586	235229.868460
3901	2105400.291	16015391.607	6593.498	0.03313	0.29636	-199.16118	235354.793850
3902	2107249.529	16015397.408	6571.479	-0.43367	0.45419	-198.31183	235361.591850
3903	2109118.172	16015413.060	6541.087	-0.22489	0.61740	-198.13395	235368.386900
3904	2110973.434	16015452.538	6518.763	-1.24850	-0.15732	-197.47867	235375.082610
3905	2112799.682	16015520.612	6508.931	-0.80273	-0.15838	-199.10943	235381.678290
3906	2114653.593	16015577.975	6506.690	0.24430	-0.17370	-198.85028	235388.375230
3907	2116524.806	16015612.743	6518.544	0.42850	-0.85830	-197.63566	235395.170100
4007	2117087.962	16012096.400	6548.633	0.94884	-0.22867	3.36966	235516.401380
4006	2115224.487	16012066.417	6539.127	0.90902	-1.03332	3.34163	235522.997570
4005	2113375.113	16012036.114	6543.026	0.30394	-0.52064	3.37747	235529.492770
4004	2111520.913	16012014.398	6538.287	0.36309	-0.18297	3.18209	235535.988730
4003	2109689.544	16011989.861	6527.459	0.03570	-0.29452	3.08386	235542.384490
4002	2107828.206	16011968.413	6527.732	0.56558	0.15369	3.00749	235548.881680
4001	2105970.409	16011938.091	6530.387	0.16688	0.61164	3.07237	235555.377710

图 3.18 GPS 和 INS 数据文件——8 列

单击"空三→引入→GPS+IMU"菜单项,可以进入 GPS 参数的输入界面,如图 3.20 所示。单击菜单项"引入"弹出导入 GPS 数据对话框,如图 3.21 所示选中的 GPS 和 INS 数据文件 Example1. txt 是第一种格式,则设置的文件格式参数为:因为有摄影时刻且方位角的顺序为 ω,φ,κ,所以选择选项"Omega,Phi,Kapa,Time";由于方位角的单位是角度,因此选择"degree"选项;因为此文本文件中的角度采用的是 400°一周,故选择 400 选项。另外,输入 GPS 参数后注意检查航线方向是否与 Kapa 角的方向一致,如果不一致则通过"工具→旋转 180 度"菜单项修改方位角。

当完成 GPS 和 INS 参数的输入后,用户没有必要继续量测航线间的偏移点。系统在自动转点时会根据已经输入的 GPS 参数和 INS 参数完成航线间的相对定位。

3701	2105241.973	16022498.113	6509.623	-1.04997	0.05668	198.47243
3702	2107082.747	16022535.323	6505.270	-0.37472	0.03436	197.76139
3703	2108944.928	16022567.312	6517.402	0.23708	-0.71585	198.93126
3704	2110795.493	16022595.632	6513.103	0.13310	-0.57694	199.29016
3705	2112643.009	16022639.712	6512.563	-0.35635	-0.35950	-199.92876
3706	2114484.249	16022680.363	6525.349	0.15354	-0.39426	-199.43844
3707	2116322.523	16022705.715	6526.976	0.31363	-0.11273	-199.15102
3807	2116926.913	16019325.661	6554.150	1.38774	1.48806	4.76791
3806	2115082.418	16019297.469	6577.306	1.42927	0.48402	4.37095
3805	2113232.609	16019239.564	6581.989	0.71638	-0.58276	4.36920
3804	2111368.375	16019176.405	6589.233	0.39032	-0.13739	4.40497
3803	2109529.079	16019110.755	6607.069	-0.10807	0.19214	1.55279
3802	2107664.803	16019056.650	6620.016	-0.66668	0.12948	1.70711
3801	2105833.119	16019011.694	6638.555	-0.14351	0.60561	1.63586
3901	2105400.291	16015391.607	6593.498	0.03313	0.29636	-199.16118
3902	2107249.529	16015397.408	6571.479	-0.43367	0.45419	-198.31183
3903	2109118.172	16015431.060	6541.087	-0.22489	0.61740	-198.13395
3904	2110973.434	16015452.538	6518.763	-1.24850	-0.15732	-197.47867
3905	2112799.682	16015520.612	6508.931	-0.80273	-0.15838	-199.10943
3906	2114653.593	16015577.975	6506.690	0.24430	-0.17370	-198.85028
3907	2116524.806	16015612.743	6518.544	0.42850	-0.85830	-197.63566
4007	2117087.962	16012096.400	6548.633	0.94884	-0.22867	3.36966
4006	2115224.487	16012066.417	6539.127	0.90902	-1.03332	3.34163
4005	2113375.113	16012036.114	6543.026	0.30394	-0.52064	3.37747
4004	2111520.913	16012014.398	6536.287	0.36309	-0.18297	3.18209
4003	2109689.544	16011989.861	6527.459	0.03570	-0.29452	3.08386
4002	2107828.206	16011968.413	6527.732	0.56558	0.15369	3.00749
4001	2105970.409	16011938.091	6530.387	0.16688	0.61164	3.07237

图 3.19 GPS 和 INS 数据文件——7 列

图 3.20 GPS 参数输入界面

3.4.5 自动转点

在 VirtuoZo AAT 的主菜单下，单击“空三→连接点提取→开始提取连接点”菜单项，系统激活全自动空三连接点自动提取模块，它包括自动相对定向、自动选点、自动转

图 3.21　导入 GPS 数据对话框

点和自动量测，屏幕会显示如图 3.22 所示的空三连接点自动提取的进度显示窗口。该窗口按照处理流程依次显示了测区的基本信息、自动创建的金字塔影像、自动相对定向和模型连接、航线间的自动转点以及自动转点过程中的警告信息和错误信息。

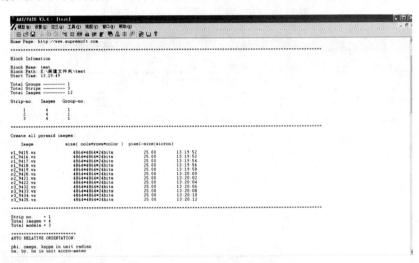

图 3.22　自动转点进度窗口

　　自动转点过程是一个非常复杂的过程，为了保证程序正确运行，转点过程中记录了大量的中间参数文件，并对转点结果作了相应备份。在测区目录下，存放参数文件的目录主要有 4 个：Raletive 子目录，Backup 子目录，Work 子目录和 Pyramid 子目录。4 个子目录分别记录了模型的相对定向结果，单航线连接后每张影像的外方位元素（模型坐标），航线连接后每张影像的外方位元素（模型坐标），测区中每一张影像对应的金字塔影像。

　　自动转点的最后，系统会给出整个自动转点过程中的警告信息和错误信息，这是因为实际的数据情况千差万别，一般说来，当测区比较大时，总会存在少数自动转点失败的异常情况，所以如何解决这些异常问题就非常重要，只有排除了自动转点中的所有异常，才能够进入下一步作业,即自动挑点。在每一次自动转点后,用户都应该首先检查转点报告的最后是否有错误提示,如果有则需要按本节的方法排除错误,然后在主界面下单击"空三→连接点提取→继续提取连接点"菜单项继续完成转点过程,直至没有任何错误提示为止。

自动转点过程中发生的错误通常分为两类:相对定向失败和模型连接失败。

排除这两种错误的方法有以下两种。

1. 人工相对定向

这一类错误发生在航线内转点时,其错误提示信息如"Model 2 - 2908. cz/2 - 2099. vz:Relative orientation is failed!"这条信息表明在自动转点的过程中,模型2 - 2908. cz/2 - 2099. vz 的自动相对定向失败,需要人工干预。

由于系统已经自动创建了所有模型,所以用户只需要找到标识为"?"的模型文件(左影像名_右影像名 . mod)打开即可。模型打开后,进入相对定向界面,如图 3.23 所示。如果模型中没有任何相对定向点,这表明相对定向完全失败。

图 3.23　相对定向界面

当界面中没有任何相对定向点时,首先在界面中单击"模式→增加点"菜单项,使界面处于加点状态,在右边的两幅影像上加一对同名点,通常情况下点位不是非常准确,这时只要在左边的放大窗口中进行局部调整即可。然后单击"处理→自动匹配"菜单项启动自动匹配。

当界面中只存在少量相对定向点时,首先单击"模式→删除点"菜单项删除所有点,然后依上面所述第一种情况的解决办法操作即可。

完成自动匹配后,单击"处理→相对定向"菜单项执行相对定向,在界面下方列表框中可以看到每个点的残差(最后一列"q",单位 mm)。

注意:自动匹配无法成功如模型出现大面积落水或大面积森林覆盖时,最简单的办法是人工在 6 个标准点位处量测至少 6 对点,然后执行相对定向并调节每个点直到满足要求为止。

2. 人工模型连接

这一类错误发生在航线内转点时，典型提示信息如"Model connection at image r1 - 4 -989. vz is failed"，这条信息表明：自动转点过程中发生模型连接失败错误，需要人工干预排除，两个模型的公共影像为 r1 - 4 - 989. vz。

连接模型错误有两类：第一类是模型连接完全失败，此时模型连接的中误差为 RMS =100；第二类是模型连接中误差过大，超过了程序缺省的模型连接限差。

针对第一类错误，只要在连接点的编辑中在该影像的三度重叠区加入若干点（上中下3 个标准点位，具体操作过程见 3.4.7 小节），然后继续执行转点操作。

针对第二类错误的解决方法是在连接点编辑界面打开这张影像，首先可以大略检查一下这些连接点是否正确，如果不正确则删除。其次检查上中下 3 个标准点位是否缺点，注意至少应该在两个标准点位处有点，如果连接点不够则增加若干连接点。总是要保证连接点基本正确。然后在系统主界面单击"设置→设置测区"菜单项，进入测区参数的设置界面，如图 3.24 所示，修改相应限差值，单击"确定"按钮保存。当排除完错误后执行继续转点操作即可。

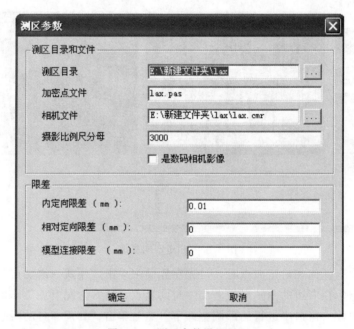

图 3.24　测区参数设置界面

3.4.6　自动挑点

当自动转点完成后，用户可以进入自动挑点作业。所谓自动挑点，就是反复调用 PATB 平差程序进行平差，并根据平差结果剔除自动转点中的粗差点，最后根据用户指定的连接点分布方式挑选出精度最高的点保留下来作为加密点。

单击"空三→自动挑点"菜单项开始自动挑点。在如图 3.25 所示对话框中设置连接点位分布方式。该对话框中，下部的数字按钮代表影像三度重叠区内的标准点位数。在点数编辑框中输入每个点位的点数。系统缺省布局为5个点位，每个点位有3个点，每张航片上将会有15个点。

选择连接点布局方式后，系统将反复自动调用PATB平差程序进行平差，如图3.26所示，并根据结果删除粗差观测值，这种过程一般最多重复5次。最后根据平差报告按照用户制定的布局方式挑选连接点。

3.4.7 连接点的编辑

完成自动转点之后，编辑连接点并进行平差。单击"空三→交互式编辑"菜单项，启动连接点编辑程序，如图3.27所示。

1. 增加连接点

在图3.27中，左边有一个树型列表，显示了测区中所有的航线和影像。用鼠标左键选中影像列表中的任一影像，右边窗口就会显示该影像的全局金字塔影像，如图3.28所示。在全局金字塔影像上有3个蓝色的方框，代表上中下3个标准点位。

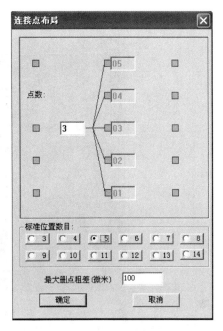

图 3.25　连接点布局对话框

在界面左边工具条中单击"增加连接点"图标按钮

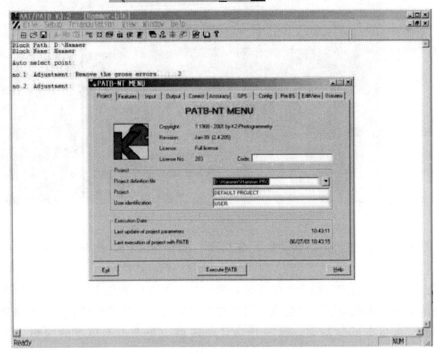

图 3.26　PATB 平差程序调用界面

37

图 3.27　连接点编辑界面

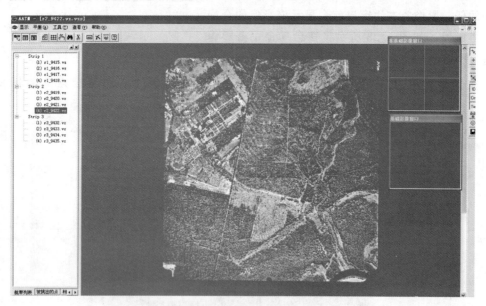

图 3.28　全局金字塔影像显示界面

（＋号），系统处于加点状态，移动鼠标到需要加点处，单击，此时出现如图 3.29 所示窗口。

该窗口中显示了当前需加点处的原始影像，从而可以更加准确的寻找比较明显的地物点。若当前显示范围没有明显地物点，可通过键盘的方向键移动影像，直至找到明显地物点，此时在该处单击鼠标左键，程序开始自动转点，并进入连接点的编辑界面，如图 3.33 所示。

注意：若已使用过预测控制点的功能，此时单击工具条中的第七个开关按钮，界面上

图 3.29 需要加点的影像界面

会显示出预测的控制点点位，如图 3.30 所示。图中的小三角形代表预测出的控制点点位，如果小三角形中心有一个小点，表示该控制点尚未量测；反之若在小三角形中心有一个小十字丝，则表示该控制点已经量测过，在该预测点位上加点，系统会直接进入连接点编辑界面，如图 3.33 所示。

上述流程是半自动加入连接点的方法，在这种流程中，系统执行自动匹配，从而得到当前点在其他像片上的位置。但是如果影像质量不高或遇到大面积森林覆盖等特殊情况时，自动匹配会失败，这时可使用全人工的方法进行加点。

在工具栏中单击图标 。系统会弹出如图 3.31 所示的人工选择影像的对话框。在左边的影像列表框中，单击要加点的影像，然后单击"确定"按钮进入所选影像金字塔界面（见图 3.32）。

在影像金字塔界面中显示了所有所选影像的金字塔影像，用鼠标单击每一张影像来移动点位（点位用中心有十字丝的方框表示）使得

图 3.30 预测控制点点位

所有点位近似为同一位置，然后单击窗口右上方的关闭图标，就会进入连接点编辑界面，如图 3.33 所示。

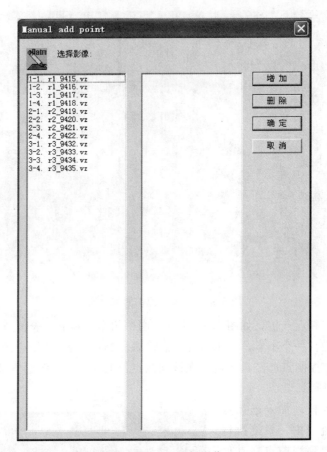

图 3.31　人工选择影像

图 3.32　所选影像的金字塔影像

2. 编辑连接点

在第一节（1. 增加连接点）中介绍了两种进入连接点编辑界面的方法（半自动量测和人工量测），此外还有其他的方法。

（1）在图 3.28 所示界面中单击"取点状态"按钮（工具栏上的图标 ），移动鼠标到想观察点的附近并单击，系统就会进入拾取的连接点编辑界面，如图 3.33 所示。

（2）在图 3.28 所示界面中单击"查找"按钮（工具栏上的图标 ），会弹出一个点号输入对话框，在其中输入要编辑的连接点的点号，按"Enter"键，进入相应点的编辑界面，如图 3.33 所示，点号显示在窗口的最上方，在点号下面显示了该点 5 张同名影像（或称该点是一个 5 度重叠点），在每张影像的下方标注着相应的影像名，绿色的影像名代表该影像是基准影像，其他非基准影像的文件名是红色。

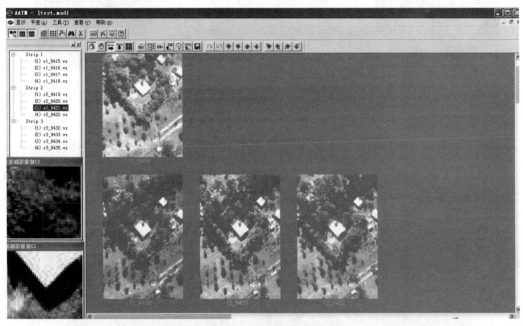

图 3.33　连接点编辑界面

3. 量测控制点

在控制点的量测过程中，VirtuoZo AAT 提供了控制点预测功能，这对于控制点的量测非常方便，控制点的量测步骤为：

（1）在测区的四角量测 4 个控制点

（2）调用 PATB 平差程序进行平差。

（3）平差结束后预测其他控制点的点位。

（4）继续量测其他控制点。

使用前面介绍的增加连接点和编辑连接点的方法，首先量测四角上的 4 个控制点，在图 3.28 界面的工具栏中单击 图标，调用 PATB 平差程序，如图 3.34 所示，单击 PATB 界面下方的按钮 "Execute PATB"，即可启动平差计算，平差计算结束后，返回连接点编辑的主界面即可完成初步平差。

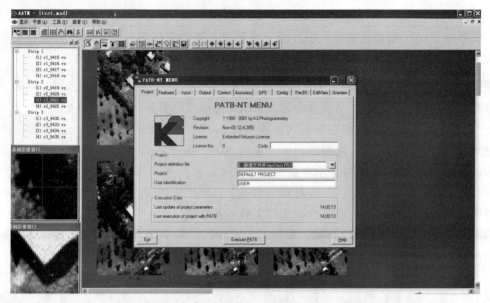

图 3.34　PATB 程序调用界面

完成初步平差后，单击工具栏倒数第 2 个图标 ，系统可以预测控制点，然后返回主界面，此时单击工具栏的第 6 个图标 Tie，就会显示如图 3.35 所示界面。在界面中可以看到很多红色的三角形，它们代表预测的控制点位，重复前面介绍的自动加点过程，完成剩余控制点的量测工作。

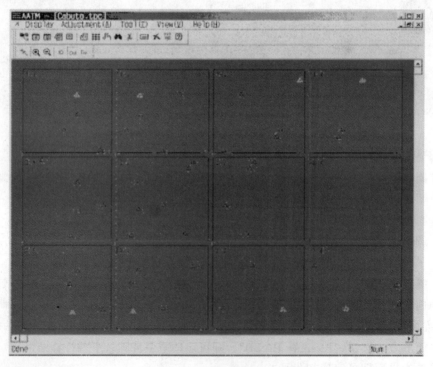

图 3.35　预测控制点位

注意：控制点预测只能预测平高控制点和平面控制点，对高程控制点不能预测。另外平面控制点的预测精度比平高控制点的预测精度差。

4. 像点网的编辑

区域网的内部连接性是由测区像点构网强度决定的，而且对最后的加密精度有重要的影响。因此，在量测了所有控制点后，最重要的工作就是对像点网的编辑。

（1）保证像点构网强度需要遵循的原则。

1）要保证测区中每张影像三度重叠区域的上、中、下 3 个标准点位上必须有连接点。如图 3.36 所示，影像的中间自上而下有 3 个方框，这 3 个方框中的区域就对应着 3 个标准点位。

图 3.36　标准点位

另外，用鼠标左键单击工具栏的第 6 个图标，就会显示图 3.37 所示的界面，在窗口中可以清楚地看到每一张影像中像点（十字丝）和控制点（三角形加十字丝）的分布，因此很容易确定测区中哪些影像在标准点位上缺少连接点，然后在这些影像的对应点位上量测连接点。

2）要保证航线之间的连接强度，即位于航线间重叠区域里的像点必须向相邻的航线转测。这一原则在实际作业中有时会比较困难，例如当航线之间覆盖了大片茂密的森林时，无论选点还是转测都会非常困难，但是应尽量保证这个原则，这个原则只在当航线间重叠区域是大面积落水时才可以例外。

图 3.37　标准点位分布

（2）根据 PATB 报告编辑像点网。如果已经执行过 PATB 平差，那么在连接点编辑界面中单击"平差→显示 PATB 粗差报告"菜单项，系统会调用 Windows 的记事本打开 PATB 的平差报告。在 PATB 报告中，精度不好的像点会作为粗差观测值不参与最后的平差计算，如图 3.38 显示了 PATB 报告中的粗差报告部分。在报告中，第 2 列是该粗差观测值所在的影像，第 4 列是像点粗差观测值的点号，第 5 列和第 6 列代表这个像点的重叠度，第 8 列代表该像点观测值的残差，单位为 μm。

```
sigma reached =      6.1503  (in image system)

image   6    point    2011307   TP 4   vxy=   50.166   eliminated
image   6    point    3011302   TP 4   vxy=   59.402   eliminated
image  10    point    2010210   TP 4   vxy=   38.780   eliminated
image  11    point    2020311   TP 5   vxy=   39.305   eliminated
image  11    point    2040304   TP 4   vxy=   42.732   eliminated
image  12    point    2040309   TP 4   vxy=   44.524   eliminated
image   7    point    1040203   TP 5   vxy=   38.794   eliminated
image   4    point    1040207   TP 5   vxy=   46.023   eliminated
```

图 3.38　像点粗差报告

在连接点编辑界面中，单击"平差→剔除粗差"菜单项，可以根据 PATB 的粗差报告自动删除所有的粗差像点。单击"恢复最近一次删除粗差操作"菜单项，可以恢复最近一次删除粗差的操作。

在 PATB 界面的"Output"选项卡中选中"Critical Points"如图 3.39 所示，则可以在 PATB 报告中看到像点粗差的详细报告，如图 3.40 所示。

根据报告，用户可以在连接点编辑中查找相应的点号并进入相应点的编辑界面，例如查找点 1040207，该点是一个 5 度重叠点，根据报告，在编号为 4 的影像上的观测值是一个粗差观测值（X 坐标残差 14.6 μ，Y 坐标残差 50.2 μ）。

（3）大面积落水区域像点网的编辑方法。在实际的空三加密作业中，经常会遇到大面积落水区域，特别是在大比例航空摄影时。对于大面积落水区域，是不能在落水区域中量

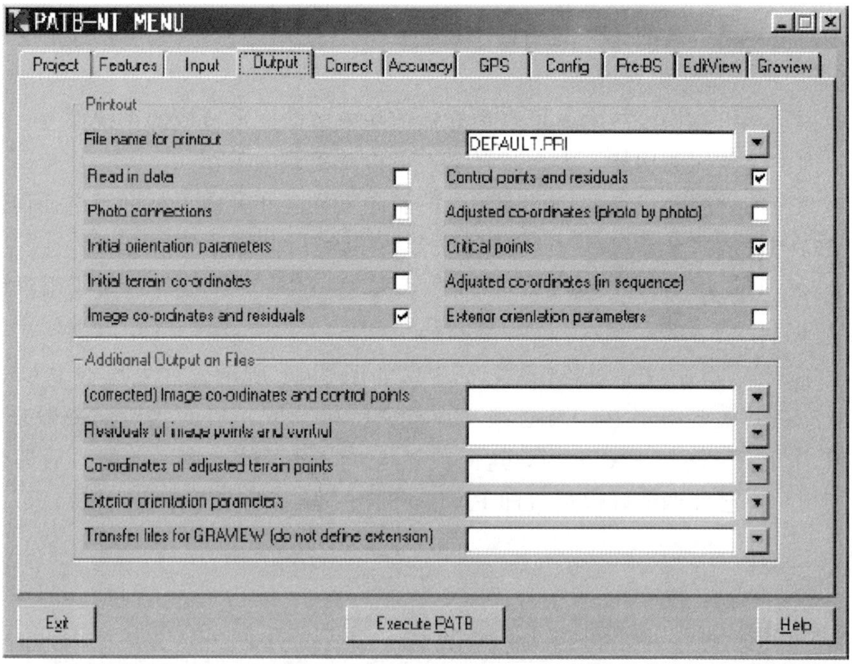

图 3.39 Output 选项卡设置

```
COORDINATES AND RESIDUALS OF CRITICAL POINTS
--------------------------------------------
arranged by increasing point numbers
photo-no.     x              y          rx        ry      sds check

        point-no.            1040207    TP 5 -> TP 4

    3       75626.1       -81027.9    22.1      21.4      0    9  3
    8      -87995.1        70022.0    -9.1       9.9      0    .  .
    6       96853.0        71220.9     8.0     -20.1      0    .  2
    7        5815.5        71711.9   -21.5     -10.4      0    8  .
    4      -11985.6       -81484.7    14.6*     50.2*    10    .  .

        point-no.            2011307    TP 4 -> TP 3

    6     -100130.3        79804.8    54.6*     15.1*    10    .  .
    5       -5883.4        81015.0    -8.5       2.7      0    .  .
    2      -31354.8       -77657.0    10.7       0.6      0    .  .
    1       53234.4       -78277.7    -1.9      -3.0      0    .  .
```

图 3.40 像点粗差报告

测连接点的，这会导致落水区域附近的像点网比较破碎，使得像点网在这部分区域发生扭曲，影响加密的精度。为了减少落水区域对像点网的影响，一个较好的解决方法就是在影像落水区域的边上按间隔 1～1.5cm 量测连接点，使落水区域附近的像点网有一个稳固的边界，从而减少落水区域的影响。

3.4.8　PATB 的基本操作

PATB 是世界上著名的区域网平差程序之一，它使用理论上最严密的光束法平差算法，具有以下特点：

（1）使用了相机自检校技术，可以很好地消除由影像变形造成的系统误差。

（2）强大的粗差探测功能，大大减轻了人工检查粗差的工作。

（3）对测区的大小、像点的数量、航线的航向重叠度和旁向重叠度没有任何限制。

（4）支持与动态差分 GPS 观测值进行联合平差计算。

如图 3.33 所示，单击连接点编辑界面的"平差→平差解算"菜单项或用鼠标单击图标 ▣，都可以启动 PATB。

在 PATB 对话框中单击"Feature"标签，如图 3.41 所示。首先检查 PATB 是否处于挑粗差状态，其次要指定 PATB 必须从像点文件中读取相机的主距。一般来说，VirtuoZo AAT 在第一次运行 PATB 时，这两项都是缺省设置的，在平差的最后即当像点粗差和控制点粗差都已经调节好以后（即 PATB 平差报告中没有粗差观测值），可以在该项中关闭挑粗差选项。

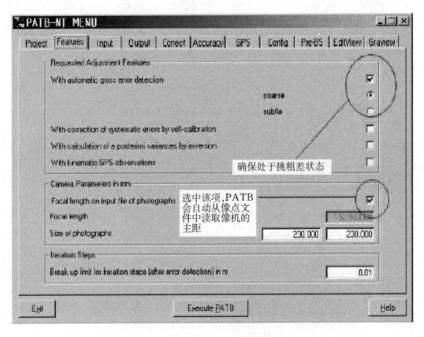

图 3.41　Feature 选项卡设置

在 PATB 界面中单击"Output"选项，如图 3.42 所示，界面中的 PATB 平差报告和外方位参数文件是 VirtuoZo AAT 自动为用户设置好的，不需要修改这些设置项，否则可能会导致连接点编辑中的某些功能无法使用。缺省的 3 个输出选项从上到下分别为：控制点的残差和中误差，粗差点的详细信息和按点号顺序排列的加密点坐标。其中控制点的残差和中误差，可以通过在连接点编辑界面中单击"Adjustment→Control Points"菜单项直接打开记事本进行查看。

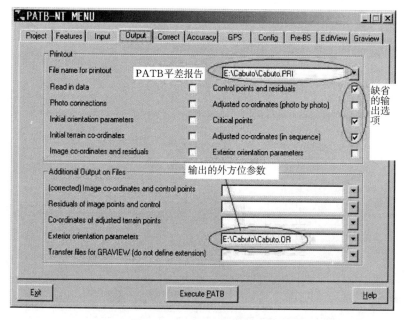

图 3.42　Output 选项卡设置

在 PATB 界面中单击 "Correct" 选项，如图 3.43 所示，确保圆圈中的两个选项已经被选中。这两个选项分别制定 PATB 在平差过程中自动进行地球曲率改正和大气折光差改正。

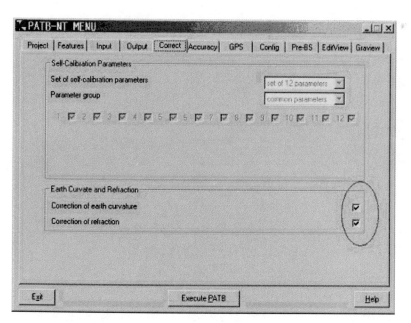

图 3.43　Correct 选项卡设置

在 PATB 界面中单击 "Accuracy" 选项，如图 3.44 所示，图中用圆圈圈出的部分是控制点的验前精度，在这两个编辑框中应该输入控制点地面坐标的量测精度（左边是平面精度，右边是高程精度），通常情况下，空三加密作业都对控制点上的最大残差有一定的要求，用户可以分别取平面要求和高程要求的一半输入到这两个编辑框中。

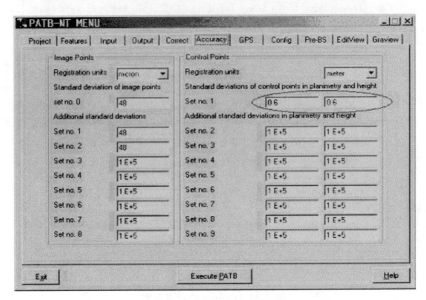

图 3.44 Accuracy 选项卡设置

第4章 模 型 定 向

4.1 内 定 向

4.1.1 基础知识

在传统摄影测量中，将像片放到仪器承片盘进行量测，然后利用平面相似变换等公式，将像点的仪器坐标变换为以影像上像主点为原点的像平面坐标系中的坐标，这个过程就是影像内定向，它是利用摄影测量的理论从影像上提取所需信息的基础。数字影像测图的第一步也是内定向，这是因为在像片数字化时，像片的方位是任意的，所量测的像点坐标也存在着从扫描坐标系到像平面坐标系的转换，如图4.1所示。

数字影像利用扫描坐标系来确定像元素的位置，即像元素所在的列号 I 和行号 J，而扫描坐标系与影像本身的像平面坐标系是不一致的。因此，数字影像内定向的目的是确定扫描坐标系与像平面坐标系之间的关系及数字影像可能存在的变形。数字影像的变形主要是在影像数字化过程中产生的，扫描坐标系与像平面坐标系之间的关系可以用式（4.1）表示：

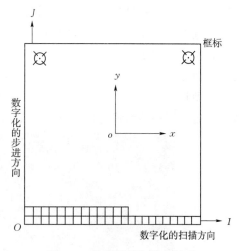

图4.1 数字影像扫描坐标系

$$\left. \begin{array}{l} x = a_0 + a_1 I + a_2 J \\ y = b_0 + b_1 I + b_2 J \end{array} \right\} \quad (4.1)$$

式中　　　x, y——像点在像平面坐标系中的坐标；

　　　　　I, J——数字影像相应像素在扫描坐标系中的坐标，也就是像素所在的列号与行号；

$a_0, a_1, a_2, b_0, b_1, b_2$——变换参数，也称为内定向参数。

内定向的过程实质上就是确定上述6个变换参数的过程，为了求解这些变换参数，需要借助影像的框标来解决。现代航摄仪一般都有4~8个框标，位于影像四边中央的为机械框标，位于影像四角的为光学框标，它们一般均对称分布。为了进行内定向，必须量测影像上框标点的影像架坐标或扫描坐标，然后根据量测相机的检定结果所提供的框标理论坐标，用解析计算方法进行内定向。

49

4.1.2　实训目的和要求

（1）掌握内定向的原理及在实践中的应用。

（2）熟练应用内定向模块进行作业，并且内定向成果能够满足生产精度的要求。

4.1.3　实训内容

（1）建立框标模板。

（2）完成左影像的内定向。

（3）完成右影像的内定向。

4.1.4　实训指导

1. 选择模型

在系统主界面上，单击"文件→新建/打开测区"菜单项，系统弹出新建/打开测区的对话框，从中选择测区文件"<测区名>. blk"。

单击"文件→新建/打开模型"菜单项，系统弹出打开或创建一个模型对话框，从中选择模型文件"<模型名>. mdl"或"<模型名>. ste"。详细过程见第 2 章数据分析与准备。

2. 建立框标模板

不同型号的相机有着不同的框标模板。一般一个测区使用同一相机摄影，所以只需在测区内选择一个模型建立框标模板并进行内定向，其他模型不再需要重新建立框标模板，即可直接进行内定向处理。若一个测区中存在着使用多个相机的情况，则需要在当前测区目录中建立多个相机参数文件，在做内定向处理时，系统会自动建立多个框标模板。

模型打开后，在系统主界面中单击"模型定向→影像内定向"菜单项，程序读入左影像数据后，屏幕显示建立框标模板界面，如图 4.2 所示。

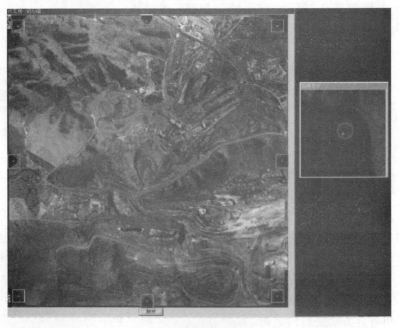

图 4.2　建立框标模板

界面右边小窗口为某个框标的放大影像，其框标中心点清晰可见。界面左窗口显示了当前模型的左影像，若影像四角或四边上的每个框标都有小白框围住，框标近似定位成功。

　　若小白框没有围住框标，则需进行人工干预：移动鼠标将光标移到某框标中心，单击鼠标左键，使小白框围住框标。依次将每个小白框围住对应的框标后，框标近似定位成功。单击界面左窗口下的"接受"按钮。

　　3. 左影像内定向

　　框标模板建立完成后，进入内定向界面，如图4.3所示。内定向界面主要包含3个部分：按钮面板、内定向参数显示窗口和微调窗口。

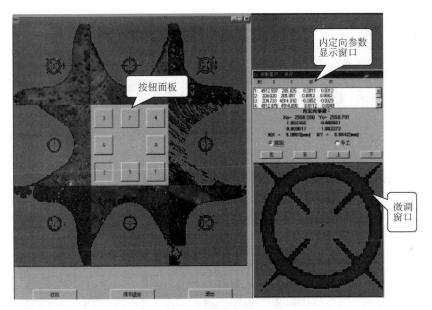

图 4.3　内定向界面

　　(1) 窗口说明。

　　按钮面板：位于左边窗口的中心。每个方块按钮对应一个框标，单击其中任意一个按钮，在右边微调窗口中将放大显示对应框标的影像。

　　内定向参数显示窗口：位于屏幕右边，显示各框标的像素坐标、残差（单位 mm），内定向变换矩阵和中误差。

　　微调窗口：放大显示当前框标的影像，可通过"上、下、左、右"4个按钮微调框标位置。

　　(2) 框标调整方式。内定向界面显示了框标自动定位后的状况。可选择控制面板上的按钮将其对应的框标放大显示于微调窗口内，观察小十字丝中心是否对准框标中心，若不满意可进行调整。框标调整有自动或人工两种方式：

　　1) 自动方式：选择自动按钮后，移动鼠标在左窗口中的当前框标中心点附近单击鼠标左键，小十字丝将自动精确对准框标中心。

　　2) 人工方式：若自动方式失败，则可选择人工按钮。首先在左窗口中的当前框标中心附近单击鼠标左键，再分别选择"上、下、左、右"按钮，微调小十字丝，使之精确对准框标中心。

（3）按钮说明。

"上、下、左、右"按钮：人工微调当前框标的位置。

"大概"按钮：如果寻找框标失败，即只要有一个框标找不到，则需单击"大概"按钮，重返图 4.2 所示的框标模板界面，重新给定框标的近似值。

图 4.4　内定向结果

"保存退出"按钮：满足要求后，单击此按钮保存内定向参数，退出内定向模块。

"退出"按钮：放弃此次内定向结果，直接退出内定向模块。

4. 右影像内定向

左影像内定向完成后，程序自动读入右影像数据，对右影像进行内定向，具体操作同上。至此一个新模型的内定向完成，程序返回系统主界面。

注意：对于已经做过内定向处理的模型，当单击"模型定向→影像内定向"菜单项时，系统会弹出上次的内定向处理结果并询问是否重新进行内定向处理，如图 4.4 所示。若对此结果满意，则单击"否"按钮退出内定向。如果对结果不满意，则单击"是"按钮重新进行内定向处理。

4.2　相　对　定　向

4.2.1　基础知识

立体像对的相对定向就是恢复摄影时相邻两影像摄影光束的相互关系，从而使同名光线对对相交，所有同名光线的交点集合构成了地面的几何模型（简称地面模型）。如图 4.5 所示，在没有恢复两张相邻影像的相对位置之前，同名像点的投影光线 S_1a_1 与 S_2a_2 在空间不相交，投影点 A_1 与 A_2 在 Y 方向的距离 Q 称为上下视差。相对定向的完成就是通过判定是否存在上下视差来决定的。

相对定向元素是描述两张像片相对位置和姿态关系的参数，具体参数由相对定向方法决定。共有两种相对定向方法：一种是连续像对相对定向，它以左影像为基准，采用右影像的直线运动和角运动

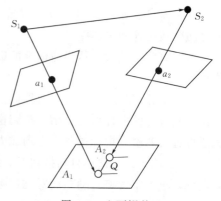

图 4.5　上下视差 Q

52

实现相对定向，其定向元素为（B_Y，B_Z，φ_2，ω_2，κ_2）；另一种是单独像对相对定向，它以基线坐标系为参考基准，采用两幅影像的角运动实现相对定向，其定向元素为（φ_1，κ_1，φ_2，ω_2，κ_2）。

像对的相对定向是以同名光线对对相交即完成摄影时三线共面的条件作为求解基础。如图 4.6 所示表示一个立体模型实现正确相对定向后的示意图，图中 S_1、S_2 表示左、右摄站，地面点 M 在左、右像片上的构象分别为 m_1、m_2，$S_1 m_1$ 和 $S_2 m_2$ 表示一对同名光线，它们与基线 $S_1 S_2$ 共面，这个平面可以用 3 个矢量 R_1，R_2，B 的混合积表示，即

$$B \cdot (R_1 \times R_2) = 0 \tag{4.2}$$

上式改用坐标的形式表示时，即为一个三阶行列式等于 0：

$$\begin{vmatrix} B_X & B_Y & B_Z \\ X_1 & Y_1 & Y_1 \\ X_2 & Y_2 & Y_2 \end{vmatrix} = 0 \tag{4.3}$$

式（4.3）称为共面条件方程式，它是求解立体像对相对定向元素的基本公式。相对定向元素共有 5 个，因此，至少量测 5 对同名像点进行解算。在数字摄影测量系统中，用计算机的影像匹配代替人工量测同名像点，极大地提高了观测速度，而且得到的同名像点远远超过 5 个。

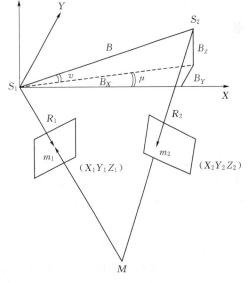

图 4.6 共面条件

4.2.2 实训目的和要求

（1）熟悉相对定向的基本原理。

（2）熟练应用相对定向模块进行相对定向处理。

4.2.3 实训内容

（1）量测 4～5 个同名点，了解同名点量测的过程。

（2）实现自动相对定向。

（3）分析相对定向的定向精度，对定向结果进行调整，使相对定向结果满足精度要求。

4.2.4 实训指导

1. 相对定向界面

在系统主菜单中，单击"模型定向→模型定向"菜单项，系统读入当前模型的左右影像数据，屏幕显示相对定向界面，如图 4.7 所示。

（1）窗口说明。

影像显示窗口：最左边为左影像窗口，显示当前模型的左影像；左影像窗口的右边为右影像窗口，显示当前模型的右影像。

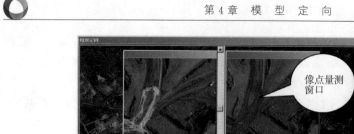

图 4.7 相对定向界面

像点量测窗口：半自动像点量测时，系统自动弹出像点量测窗口，分别叠于左、右影像窗口上。像点量测窗口显示当前量测点位置的放大影像，用户可在像点量测窗口中直接单击调整点位。

点位放大显示窗：位于屏幕的右下部。分别放大显示左、右影像上的当前点位，用于点位的精确微调。

定向结果窗口：位于主窗口右上部。显示当前模型的相对定向参数，包括各匹配点的点号和上下视差（按由小到大的顺序排列），相对定向点的总数和中误差（单位 mm）。

（2）按钮说明。

删除点：删除当前选中的点。

左影像：选择对左影像上的点位进行微调。

右影像：选择对右影像上的点位进行微调。

向上、向下、向左、向右：人工微调点位，分别向上、下、左、右方向移动。

（3）鼠标右键菜单。

1）在影像显示窗口中右击，系统弹出右键菜单。相对定向、绝对定向、生成核线影像等操作通过该菜单完成，菜单功能说明见表 4.1。

表 4.1 影像显示窗口鼠标右键菜单说明

右键菜单项	说　　明
全局显示	单击则显示整个模型，菜单项随即切换为显示复原
自动相对定向	自动匹配，寻找同名点
开始绝对定向	进行绝对定向计算
自定义核线范围	用鼠标拉框选定生成核线影像的范围
取最大核线范围	由程序自动生成最大可用的作业区

续表

右键菜单项		说　明
生成核线影像		生成核线影像
选项	寻找近似值	自动寻找同名点的近似位置。选中该菜单项,在量测窗口中会显示该点附近区域的影像
	自动精确定位	自动匹配同名点
工具	跟踪鼠标轨迹	鼠标在影像显示窗移动时,在主窗口右边的点位放大窗口中放大显示鼠标位置附近的影像
	显示定义区域	用绿线显示所定义的工作区
	自动滚动	自动把影像显示窗的中心调整到当前点位
查找点		查找所输入的同名点
修改点号		修改同名点号
预测控制点		自动预测其他控制点点位
删除全部点		删除所有的同名点,但不包括控制点
刷新显示		刷新影像的显示
保存		保存绝对定向及相对定向的结果
退出		退出模型定向程序

2)在点位放大显示窗口中右击,系统弹出右键菜单。菜单功能说明见表 4.2。

表 4.2　　　　　　　　　放大显示窗口右键菜单说明

右键菜单项	说　明
缩放=1	以相同的比例显示像点量测窗中的影像
缩放=2	将像点量测窗中的影像放大 2 倍显示
缩放=3	将像点量测窗中的影像放大 3 倍显示
缩放=4	将像点量测窗中的影像放大 4 倍显示
缩放=5	将像点量测窗中的影像放大 5 倍显示
缩放=10	将像点量测窗中的影像放大 10 倍显示
左右排列	将放大显示窗口以左右排列方式显示
上下排列	将放大显示窗口以上下排列方式显示

2. 量测同名点(一般在对非量测相机获取的影像进行相对定向时进行此项操作)

对于非量测相机获取的影像对,由于左右影像重叠区域的投影变形较大,在自动相对定向之前一般要量测 1 对同名点(点位应选在左、右影像重叠部分左上角位置的附近)。若当前模型的影像质量比较差,则需量测 3~5 对同名点(点位均匀分布),以保证可靠地完成自动相对定向。对于航空影像,一般不需要这一操作,可直接进行自动相对定向。

量测同名点有两种方式:人工量测和半自动量测。

(1)人工量测同名点。首先点取左影像的同名点,在特征点位置单击鼠标左键,此时系统弹出像点量测窗口,放大显示该点点位及其周边的原始影像。然后精确调整点位,也可以通过左边的微调按钮进行调节。同样,右影像的操作也这样进行。当在左右影像上找到一对同名点时，程序弹出"加点"对话框，在对话框中输入点号并确认，完成量侧一对同名点的操作，如图 4.8 所示。

图 4.8　量测同名点

（2）半自动量测同名点。半自动量测，利用系统所提供的寻找近似值和自动精确定位功能，进行点位的查找和选择。量测时先由人工量测某个点在左影像（或右影像）上的像点坐标，如图 4.9 所示。然后单击右键菜单中的"选项→寻找近似值"菜单项，则当人工量测了某个点在左（右）影像上的像点坐标后，系统会自动找到该点在右（左）影像上的同名点的近似位置，并弹出输入点号对话框，即完成同名像点的量测，如图 4.10 所示。

若选中"自动精确定位"菜单项，则当人工量测了某个点的左（右）影像的像点坐

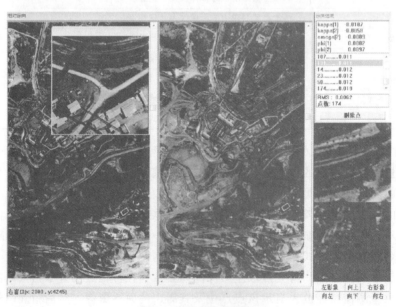

图 4.9　人工量测像点

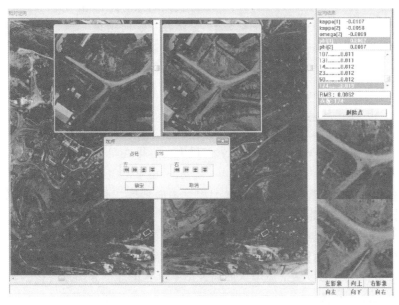

图 4.10 确认同名点

标，系统会自动找到该点在右（左）影像上的同名点的准确位置，此时就不必再人工量测了。

（3）像点量测方式的选择。在实训过程中，可根据实际情况灵活选择量测方式。当点位在左、右影像上都很清晰时，可采用自动精确定位方式。当点位在左、右影像上不很清晰时，且使用自动精确定位方式处理失败时，则选中寻找近似值菜单项。当点位在左、右影像上很不清晰时，若选中寻找近似值选项后，系统处理失败，则再以人工方式进行量测。

如果在量测时对当前的点位不满意，可以按下 Esc 键取消量测。

（4）同名点的确定。如果已精确量测当前点在左、右影像上的点位，则在"加点"对话框（见图 4.11）中输入点号，单击"确定"按钮后，即增加了一对同名点。

如果当前点在左、右影像上的点位还需精确调整，则可采用如下方式进行调整：

1）用户可在像点量测窗口直接单击调整点位。

2）单击"加点"对话框中的微调按钮箭头，以像素为单位调整当前点点位。

3）单击"确定"按钮退出"加点"对话框，在定向结果窗中选中要调整的点，然

图 4.11 加点对话框

后使用点位放大显示窗中的向上、向下、向左、向右微调按钮进行微调。

若同名点的匹配结果太差，系统将弹出一个消息框，如图 4.12 所示，单击"确定"按钮取消添加操作。

3. 自动相对定向

在影像窗口中右击，系统弹出右键菜单，单击"自动相对定向"菜单项，程序将自动

图 4.12 点位质量太差消息框

寻找同名点，进行相对定向。相对定向结果显示在"定向结果"窗口中，所有同名点的点位均以红色十字丝分别显示在左、右影像显示窗中。

4. 定向结果的检查与调整

定向结果窗口显示了所有同名点的点号和误差。系统按误差大小排列点号，即误差最大的点排在最下面。定向结果窗口的底部显示了相对定向的中误差（RMS）和点的总数。用户可在此窗口中检查当前模型的自动相对定向精度，并选择不符合精度要求的点，对其点位进行调整或直接删除。

（1）选点。有 3 种选点方式：

1）在定向结果窗中选择点。拉动定向结果窗中的滚动条找到要选的点号，单击该行使之变为深蓝色，此时影像显示窗中该点的点位十字丝由红色变为淡蓝色，同时，点位放大显示窗中显示该点影像。

2）在影像显示窗中选择点。在影像显示窗中找到要选的点，单击鼠标中键（或按下 Shift 键同时单击鼠标左键）。此时该点的点位十字丝由红色变为淡蓝色，定向结果窗中该点所在行变为深蓝色，同时，点位放大显示窗中显示该点影像。

3）输入点号查询该点。在影像显示窗口中右击，系统弹出右键菜单，单击"查找点"菜单项，系统弹出"查找点"对话框，如图 4.13 所示。输入要查询的点号，单击"确定"按钮，则影像显示窗、点位放大显示窗和定向结果窗都将定位到所要查询的同名点上。

（2）删除点。选中（将光标置于定向结果窗中该点的误差行再单击）要删除的点后，选择定向结果窗下的"删除点"按钮，即可删除该点。

（3）微调点。选中（将光标置于定向结果窗中该点的误差行再点击鼠标左键）要微调的点后，分别选择界面右下方的"左影像"或"右影像"按钮，然后对应按钮上方的两个点位影像放大窗中的十字丝，分

图 4.13 查找同名点对话框

别单击"向上""向下""向左""向右"按钮，使左、右影像的十字丝中心位于同一影像点上。

4.3 绝 对 定 向

4.3.1 基础知识

经相对定向后，恢复了立体像对的两张像片（光线束）的相对方位，同名光线成对相

交，这些交点的总和，形成了一个与实地相似的几何模型，如图 4.14 所示，这些模型在地面测量坐标系中的方位是任意的，模型的比例尺也是任意的。

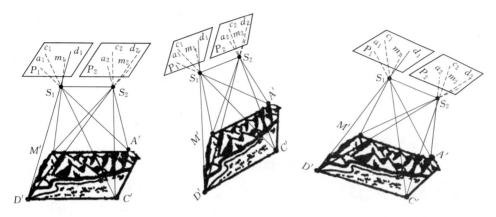

图 4.14　相对定向结果

要确立立体模型在实际物方空间坐标系中的正确位置，则需要把模型点的摄影测量坐标转换为物方空间坐标。立体模型的绝对定向就是利用控制点来确定立体模型的像空间辅助坐标系与实际物方空间坐标系之间的变换关系。立体模型的绝对定向元素是指用来确定立体模型在物方空间坐标系中的正确方位和比例尺所需要的参数，共有 7 个绝对定向参数 $\lambda, X_S, Y_S, Z_S, \Phi, \Omega, K$，其中 λ 为模型的比例尺缩放系数；X_S, Y_S, Z_S 表示模型坐标系的平移；Φ, Ω, K 表示模型坐标系的旋转。

在物方空间坐标系中，由于地面测量坐标系是左手直角坐标系，而像空间辅助坐标系是右手坐标系，为了使这两个坐标系的 X 轴之间夹角不至于太大，往往采用地面摄影测量坐标系作为过渡，即先将地面控制点坐标转换至地面摄影测量坐标系中，再利用这些控制点把立体模型通过平移、旋转、缩放也转换至地面摄影测量坐标系中，从而求得整个模型的地面摄影测量坐标，最后再将立体模型转换回地面测量坐标系中。

模型的绝对定向就是将模型点在像空间辅助坐标系的坐标变换到地面摄影测量坐标系中，实质上就是两个坐标系的空间相似变换问题，即

$$\begin{bmatrix} X_{tp} \\ Y_{tp} \\ Z_{tp} \end{bmatrix} = \lambda \begin{bmatrix} a_1 & a_2 & a_3 \\ b_1 & b_2 & b_3 \\ c_1 & c_2 & c_3 \end{bmatrix} \begin{bmatrix} X \\ Y \\ Z \end{bmatrix} + \begin{bmatrix} X_S \\ Y_S \\ Z_S \end{bmatrix} \tag{4.4}$$

式中　　X, Y, Z——模型点在像空间辅助坐标系中的坐标；

　　X_{tp}, Y_{tp}, Z_{tp}——该模型点在地面摄影测量坐标系中坐标；

　　X_S, Y_S, Z_S——模型的平移量；

　　λ——模型的缩放系数；

　　a_i, b_i, c_i——由角元素 Φ, Ω, K 的函数组成的方向余弦。

通过求解 5 个相对定向元素建立立体模型，以及求解 7 个绝对定向元素，恢复立体模型的绝对方位，使模型的坐标系与实际物方空间坐标系一致，也就恢复了两张影像的 12

个外方位元素。因此,通过"相对定向——绝对定向"的方式与对两张影像分别进行后方交会,恢复两张影像的外方位元素的方式是一致的。

4.3.2　实训目的和要求

(1) 掌握绝对定向的流程。

(2) 了解外业控制点对绝对定向的影响。

(3) 对定位控制点进行调整,分析绝对定向的精度变化。

4.3.3　实训内容

(1) 人工量测外业控制点。

(2) 精调外业控制点完成绝对定向。

(3) 比较不同外业控制点对绝对定向的影响。

4.3.4　实训指导

1. 启动绝对定向

在系统主菜单中,选择"模型定向→模型定向"菜单项,系统读入当前模型的左右影像数据,绝对定向与相对定向是在同一界面下进行,控制点的量测过程与相对定向点的量测过程一样,仅仅是点名变为控制点名称。

2. 量测控制点

绝对定向控制点的量测方法一般采用半自动量测,操作过程为:

(1) 移动鼠标将光标对准左影像上的某个控制点的点位,单击弹出该点位放大影像窗。

(2) 将光标移至点位放大影像窗,精确对准其点位单击,程序自动匹配到右影像的同名点后,弹出该点位的右影像放大窗以及点位微调窗。

(3) 在点位微调窗口中可单击左或右影像的微调按钮,精确调整点位直至满意。

(4) 在点位微调窗口中的点号栏中输入当前所量测点的控制点号,然后点击"确定"按钮,则该控制点量测完毕。此时该点在影像上显示黄色十字丝。

按以上操作依次量测 3 个控制点如 1157、1156、6157 后(3 个控制点不能位于一条线上),系统自动预测其余控制点,显示蓝色小圈,以表示待测控制点的近似位置。然后继续量测蓝圈所示的待测控制点。

3. 绝对定向计算

控制点量测完成后,右击弹出菜单,选择"开始绝对定向"菜单项,在定向结果窗口中显示绝对定向的中误差及每个控制点的定向误差。同时弹出控制点微调窗口,窗口中显示当前控制点的坐标,且设置了微调按钮,如图 4.15 所示。

4. 检查与调整控制点

定向结果窗口的中间部分显示了每个控制点的点号、平面位置的残差和高程残差,窗口的底部显示控制点的总数及平面(X,Y)、高程(Z)的中误差。若绝对定向结果不满足精度要求,则可对控制点进行检查与调整。

(1) 检查控制点坐标数据。对误差很大的点可按以下方法检查该点坐标数据是否输错:在定向结果窗口中选中该控制点,在"调准控制"对话框中显示该控制点的坐标信

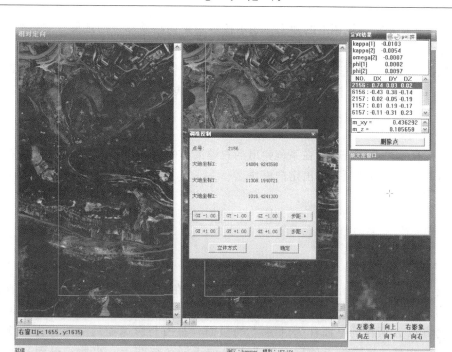

图 4.15　绝对定向窗口

息，查看其坐标数据是否错误，若有误则需退出模型定向界面，在 VirtuoZo 界面上单击"设置地面控制点"菜单项，编辑控制点数据，或者打开控制点文本文件，对照原始控制资料检查修改，然后再重新进行绝对定向计算。

（2）删除或增加控制点。对于点位错误的点，应先将其删除，然后再重新量测。具体步骤请参见相对定向操作。完成删除或增加控制点后，再进行绝对定向计算，并检查绝对定向结果。

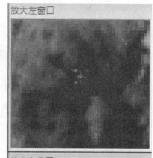

（3）微调控制点。查看定向结果窗口中的控制点残差，对不满足精度要求的控制点进行微调，微调的方式有两种：一种是直接微调像点坐标；另一种是地面坐标调整方式，即通过"调准控制"对话框调整物方值反算像方位置。

通常情况下需要选择第一种微调方式，只有在某一控制点错位太多，假定外方位元素正确的情况下可以用调准控制窗口进行调整。

1）微调像点坐标。选中要调整的控制点，单击相对定向界面右下角的"左影像"按钮或"右影像"按钮，然后单击"向上""向下""向左""向右"等按钮，参照点位放大显示窗中显示的点位进行调整，如图 4.16 所示。

2）调准控制说明

微调按钮：6 个微调按钮分别用于控制点点位在 X、Y、

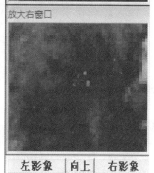

图 4.16　绝对定向放大窗口

61

Z 方向上的移动。微调按钮上的"＋"表示按步距正向移动点位的地面位置，"－"表示按步距反向移动点位的地面位置。

步距按钮：系统设置了四档步距：0.01、0.10、1.00 和 10.0，可单击"步距＋"或"步距－"按钮选择适当步距。步距按钮上的"＋"表示增大步距，"－"表示减小步距。步距单位与控制点单位一致。

5. 存盘退出

在影像显示窗口中右击，在系统弹出的右键菜单中单击"保存"菜单项，保存定向结果。单击"退出"菜单项，退出定向模块。

4.4 生 成 核 线 影 像

4.4.1 基础知识

核线与核面是摄影测量中的基本概念，但它们在传统的摄影测量中几乎没有得到实际的应用，而在数字摄影测量学中变得非常重要。如图 4.17 所示，通过摄影基线 S_1S_2 与任一物方点 A 所作的平面称为过 A 点的核面，核面与影像面的交线称为核线。核线上任意一点在另一幅影像上的同名像点必定位于同名核线上。由此，得到一个重要的结论：在已知同名核线的条件下，影像匹配（搜索同名点）问题就由二维匹配转换为一维匹配。

核线影像就是按核线排列所获得的影像。确定核线影像的方法基本上可以分为两类：一是基于数字影像的几何纠正方法，该方法的实质是一个数字纠正，将倾斜影像上的核线投影（纠正）到"水平"影像对上，求得"水平"影像上的同名核线；另一类是基于共面条件的核线影像生成方法，该方法从核线的定义出发，不通过"水平"影像作为媒介，直接在倾斜影像上获取同名核线。在完成了模型的相对定向后就可生成非水平核线影像，但是要生成水平核线影像必须先完成模型的绝对定向。

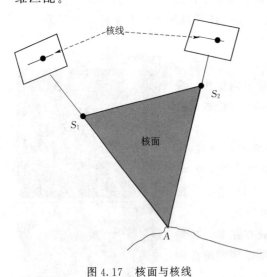

图 4.17 核面与核线

4.4.2 实训目的和要求

（1）了解水平核线生成方式和非水平核线生成方式的区别。

（2）掌握核线影像重采样及生成核线影像的流程。

4.4.3 实训内容

（1）选择核线范围。

（2）生成核线影像。

4.4.4 实训指导

1. 定义核线影像范围

有两种定义核线影像范围的方式：一种是人工自由定义；另一种是系统自动定义。

（1）人工自由定义：在模型定向界面的右键菜单中，单击"自定义核线范围"菜单项，然后在影像显示窗口中拉框选定作业区域。系统用绿色矩形框显示作业区范围。

（2）系统自动定义：在模型定向界面的右键菜单中，单击"取最大核线范围"菜单项，系统将自动生成最大作业区。

如果已由系统自动生成最大作业区，或在以前的作业中已定义过作业范围，则无需进入相对定向界面定义作业区，可直接在 VirtuoZo 主界面中单击"模型定向→核线重采样"菜单项或批处理生成核线影像。

如果用户没有定义过作业区，直接单击"模型定向→核线重采样"菜单项或批处理生成核线影像，则系统会自动生成最大作业区，并按照该范围生成核线影像。

2. 生成核线影像

在模型定向界面右击弹出菜单，选择"生成核线影像"菜单项，程序依次对左、右影像进行核线重采样，生成模型的核线影像。

3. 退出

右击弹出菜单，选择"保存"菜单项对处理结果进行保存。然后再选择"退出"菜单项，程序退出模型定向的界面，回到系统主界面。

第5章 4D 产品的生产制作

5.1 数字高程模型（DEM）生产

5.1.1 基础知识

1. 数字高程模型

数字高程模型（Digital Elevation Model，DEM）是通过三维向量有限序列描述在一定范围内地面高程信息的数据集，用于反映区域地貌形态的空间分布。利用 DEM 可以获取地表的坡度、坡向及坡度变化率等地貌特性。DEM 有多种表示形式，主要包括规则矩形格网与不规则三角网等。

2. 影像匹配

影像匹配即通过一定的匹配算法在两幅或多幅影像之间识别同名点的过程。影像匹配是数字摄影测量系统制作 DEM 的一个重要前期步骤。VirtuoZo 采用核线影像匹配的方法确定同名点，其过程是全自动化的。

3. 立体观察

通过观察立体像对可以获得人造立体效应。VirtuoZo 在进行 4D 产品生产时需要进行立体观察，可以采用红绿立体眼镜，反光立体镜进行观察。

5.1.2 实训目的和要求

（1）了解 VirtuoZo 制作 DEM 的工作原理。

（2）熟悉 VirtuoZo 的影像匹配、DEM 生产、DEM 拼接、裁剪和质量检查等功能。

（3）掌握制作 DEM 的操作流程。

5.1.3 实训内容

（1）影像匹配与匹配结果编辑。

（2）匹配点生成 DEM 与 DEM 显示，DEM 编辑。

（3）DEM 拼接与裁剪。

（4）DEM 质量检查。

5.1.4 实训指导

1. 影像匹配与匹配结果编辑

（1）影像自动匹配。在 VirtuoZo 界面上选择系统主菜单"DEM 生产→影像匹配"菜单项，系统将自动完成影像匹配。

（2）匹配结果编辑。匹配结果编辑是影像匹配的后处理工作。在影像匹配中，有一些区域（水面、人工建筑、森林等）计算机难以识别，将出现不可靠匹配点（没有匹配在地面上），这将影响数字高程模型 DEM 的精度，因此需要对这些区域进行人工编辑。在 VirtuoZo 界面上单击"DEM 生产→匹配结果编辑"菜单项，系统将打开匹配结果编辑对话框，如图 5.1 所示。

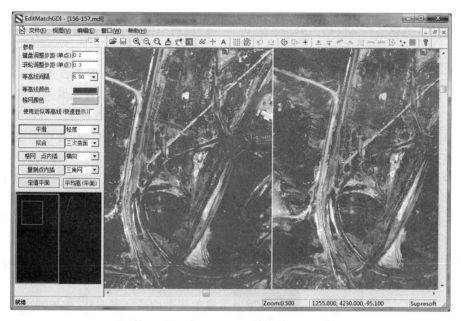

图 5.1　匹配结果编辑

匹配结果编辑窗口由主菜单、工具栏、参数设置面板、全局视图窗口、编辑窗口和状态栏构成。

1）匹配结果显示。编辑窗口显示左右核线影像和匹配点，用户在编辑窗口进行匹配结果的编辑。编辑窗口显示方式有红绿立体和左右窗口两种方式，利用工具栏上的相应按钮可以切换显示方式。

红绿立体显示方式下可以利用鼠标滚轮调整模型来切准测标。左右窗口方式下可以利用鼠标滚轮调整测标的空间位置来切准模型，左右窗口方式下，可以使用工具栏的"自动测标"按钮使测标自动切准地面，系统根据匹配结果自动调整测标高程来切准地面。

全局视图窗口用于显示和调整当前编辑窗口在整个模型作业区的位置。其中白色方框对应整个模型作业区，绿色方框对应编辑窗口的位置，将鼠标移到绿色方框内部，按住鼠标左键拖动，可以将其移动到需要编辑的区域。

利用工具栏相应按钮可以打开或关闭匹配点和等高线的显示。在参数设置面板可以修改等高线间隔参数和等高线颜色。

2）编辑区域选择。在编辑窗口进行匹配点的编辑。编辑区域有 3 种方式：矩形区域、多边形区域和单点。

矩形区域选择方法：光标移至编辑窗口内，按住鼠标左键拖动出一个矩形区域，松开左键矩形区域中的点变成白色点，即当前被选中区域。

多边形区域选择方法：按下工具栏的多边形区域选择按钮，鼠标左键逐点单击编辑窗口确定多边形节点，多边形节点选择完成后右击，多边形区域中的点变成白色点，即当前被选中区域。

单点选择方法：光标移至编辑窗口内，光标所在位置的匹配点会出现一个正方形框，单击键盘上下方向键，可以调节该点的高程。

3）编辑处理。

平滑：选择要编辑的区域，然后在右边的下拉列表中选择合适的平滑程度（有轻度、中度和强度 3 种选项），再单击"平滑"按钮即可对所选区域进行平滑。

拟合：选择要编辑的区域，然后在右边的下拉列表中选择合适的拟合算法（有平面、二次曲面和三次曲面 3 种拟合算法），再单击"拟合"按钮即可对所选区域进行拟合。

DEM 点内插：选择要编辑的区域，然后在右边的下拉列表中选择上下方向或左右方向，再单击"DEM 点内插"按钮，即可对区域内的 DEM 点按所选方向进行插值。

量测点内插：选择要编辑的区域，再按下工具条上的"添加量测点"按钮量测一些供内插用的量测点，然后在右边的下拉列表中选择合适的插值方式（三角网或二次曲面），再单击"量测点内插"按钮即可。选择区域和量测点时应切准地面，即在立体模式下量测点位时，应使测标的高度和地面高度保持一致，系统默认增加选择区域的节点作为量测点，鼠标左键单击增加量测点，右击已有量测点，删除该点。

定值平面：选择要编辑的区域，单击"定值平面"按钮，在系统弹出的对话框内输入高程值，则当前编辑范围内所有 DEM 点按此给定值赋高程。

平均高（平面）：先选择要编辑的区域，再单击"平均高（平面）"按钮即可将所选区域设置为水平面，其高程为所选区域中各 DEM 点高程的平均值。

生成 DEM 的过程中，匹配结果可以不编辑，直接编辑生成的 DEM。

2. DEM 生成与编辑

（1）匹配点生成 DEM。在 VirtuoZo 界面上单击"DEM 生产→匹配点生成 DEM"菜单项，系统将根据测区建立时设置的 DEM 产品参数，利用影像匹配和编辑后的结果自动生成 DEM。

（2）DEM 显示。在 VirtuoZo 界面上单击"显示→DEM 渲染显示"菜单项，进入显示界面，打开需要显示的 DEM，如图 5.2 所示。

DEM 渲染显示可以格网、黑白渲染和彩色渲染 3 种方式显示 DEM，另外可以扩大和缩小 DEM 高程。利用工具栏相应按钮可以切换显示模式，平移和旋转 DEM，从不同角度观看地面立体模型。

（3）DEM 编辑。如果影像匹配编辑阶段，没有对地表的房屋、建筑物和树木等目标上的匹配点进行编辑，匹配点自动生成的 DEM 的高程将包括地表的房屋、建筑和树木的高度，在这一阶段需要对这些区域进行人工编辑，去除地表目标的高度。在 VirtuoZo 界面上单击"DEM 生成→DEM 编辑"菜单项，进入 DEM 编辑功能界面，系统自动导入当前打开模型对应的 DEM 与立体像对，如图 5.3 所示。

DEM 编辑窗口和匹配结果编辑窗口结构相似，由主菜单、工具栏、参数设置面板、全局视图窗口、模型列表、编辑窗口、状态栏构成。

1）DEM 格网点显示和检查。编辑窗口可以同时显示立体像对、DEM 格网点和等高

图 5.2　DEM 渲染显示

图 5.3　DEM 编辑

线，用户可以通过立体观察 DEM 格网点或等高线相对于立体模型的地表位置，检查出 DEM 是否存在粗差。如果 DEM 格网点或等高线没有与立体模型的地表贴紧，代表 DEM 存在粗差。

编辑窗口显示方式有红绿立体和左右窗口两种方式，利用工具栏上的相应按钮可以切换显示方式。利用键盘上的 "F7" 键和 "Shift＋F8" 键可以调节立体像对左右影像的相对位置，进行立体观察时需要将左右影像调节到合适的相对位置便于观察立体。

全局视图窗口用于显示和调整当前编辑窗口在整个模型作业区的位置。其中白色方框对应整个模型作业区，绿色方框对应编辑窗口的位置，将鼠标移到绿色方框内部，按住鼠标左键拖动，可以将其移动到需要编辑的区域。

利用工具栏相应按钮可以打开或关闭 DEM 格网点和等高线的显示。在参数设置面板可以修改等高线间隔参数和等高线颜色。利用键盘上的 "－" 和 "＝" 键可以调节格网点的大小。在参数设置面板可以设置格网点的颜色和被选中格网点的颜色。

在模型列表利用鼠标右键菜单可以引入多个模型，单击模型列表中的模型可以切换当前编辑模型。

2）编辑区域选择。在编辑窗口进行 DEM 格网点的编辑。编辑区域有 3 种选择方式：矩形区域、多边形区域和单点。

矩形区域选择方法：光标移至编辑窗口内，按住鼠标左键拖动出一个矩形区域，松开左键，水平投影位置在矩形区域中的格网点会变成设定颜色，即当前被选中区域。

多边形区域选择方法：按下工具栏的多边形区域选择按钮，鼠标左键逐点单击编辑窗口确定多边形节点，多边形节点选择完成后右击，水平投影位置在多边形区域中的点变成设定颜色，即当前被选中区域。

单点选择方法：光标移至编辑窗口内，光标所在位置的格网点会出现一个蓝色正方形框，单击键盘上下方向键，可以调节该点的高程。

3）编辑处理。

抬高和降低：选择要编辑的区域，单击工具栏的相应按钮或单击键盘上的上下方向键即可对所选区域进行抬高或降低。

平滑：选择要编辑的区域，在参数设置面板选择合适的平滑程度（轻度、中度和强度），再单击 "平滑" 按钮即可对所选区域进行平滑。

拟合：选择要编辑的区域，在参数设置面板选择合适的拟合算法（平面、二次曲面和三次曲面），再单击 "拟合" 按钮即可对所选区域进行拟合。

DEM 点内插：选择要编辑的区域，在参数设置面板选择内插方向（横向、纵向），再单击 "DEM 点内插" 按钮即可对所选区域进行插值。

量测点内插：选择要编辑的区域，再按下工具条上的 "添加量测点" 按钮量测一些供内插用的量测点（选择区域和量测点时应切准地面，即在立体模式下量测点位时，应使测标的高度和地面高度保持一致，单击工具栏上的自动测标，测标会自动调整到 DEM 地面高程），然后在右边的下拉列表中选择合适的插值方式（三角网、二次曲面），再单击 "量测点内插" 按钮即可。

定值平面：选择要编辑的区域，单击 "定值平面" 按钮，在系统弹出的对话框内输入高程值，则当前编辑范围内所有 DEM 点按此给定值赋高程。

平均高：选择要编辑的区域，再单击 "平均高" 按钮即可将所选区域设置为水平面，其高程为所选区域中各 DEM 点高程的平均值。

3. DEM 拼接与裁剪

一个测区一般都是由多个模型组成，生成多个模型的 DEM 后，需要将 DEM 单模拼接成一个整体，并对拼接后的 DEM 进行裁剪。DEM 拼接与裁剪有两种方式。

（1）DEM 拼接与裁剪。在系统主界面单击"DEM 生产→DEM 拼接与裁剪"菜单项，进入 DEM 拼接与裁剪功能界面，在 DEM 拼接与裁剪功能界面下单击"文件→新建"菜单项，自动创建一个新的工程，界面左侧是 DEM 列表，右侧是 DEM 拼接视图，如图 5.4 所示。

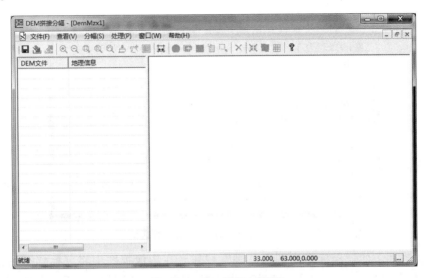

图 5.4 DEM 拼接与裁剪

单击工具栏上的"添加 DEM"按钮，添加用于拼接的 DEM，左侧的 DEM 列表中会显示添加的 DEM 文件路径和地理信息，右侧 DEM 拼接视图中会彩色渲染显示添加的 DEM，如图 5.5 所示。

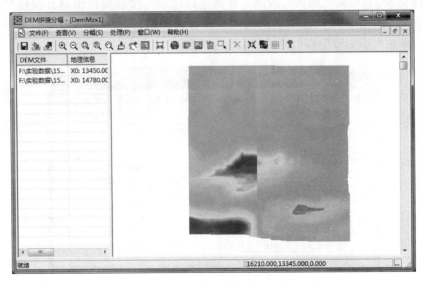

图 5.5 添加 DEM

单击工具栏上的"生成拼接线"按钮，系统会自动生成红色的拼接线。

单击工具栏的"分幅"按钮可以对 DEM 进行裁剪和分幅,可以采用 3 种方式:按块大小划分图幅、鼠标指定划分图幅、按地面范围划分图幅。

单击工具栏上的"按块大小划分图幅"按钮,弹出图幅划分对话框如图 5.6 所示,设置划分图幅的起点坐标,图幅的大小和图幅外扩大小(与相邻图幅的重叠范围大小)。单击"确认"按钮,自动生成图幅。

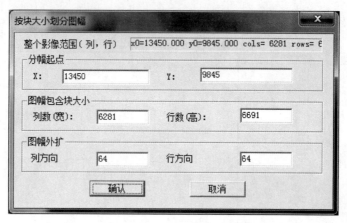

图 5.6 按块大小划分图幅对话框

单击工具栏上的"鼠标指定图幅范围"按钮,在影像视图中将鼠标移至图幅起点位置,按住鼠标左键拖动出一个矩形区域,松开左键自动生成图幅,矩形区域即对应的图幅范围。

单击工具栏上的"按地面范围划分图幅"按钮,弹出"按地面范围划分图幅"对话框,如图 5.7 所示,设置划分图幅的起点坐标,图幅的大小和图幅外扩大小(与相邻图幅的重叠范围大小)。单击"确认"按钮,自动生成图幅。按地面范围划分图幅与按影像块大小划分图幅类似,区别是按地面范围划分图幅时图幅的大小和图幅外扩大小的单位是m,而按影像块大小划分图幅时是 DEM 的行列数。

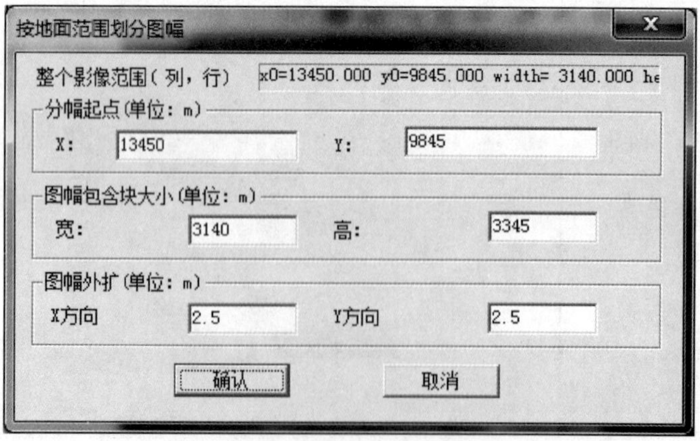

图 5.7 按地面范围划分图幅对话框

图幅划分完成后,在右侧的视图中会显示图廓线和图幅名称,如图 5.8 所示。鼠标单击图廓线，可以选择图幅，利用工具栏的"删除"按钮可以删除图幅。

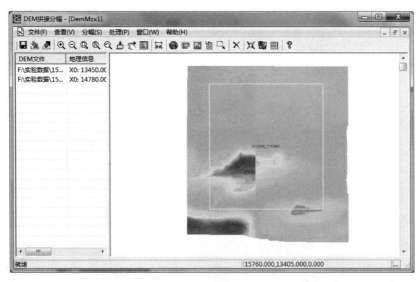

图 5.8 图幅划分

单击工具栏的"执行拼接"按钮弹出 DEM 拼接对话框，设置拼接后的 DEM 存放路径，单击"确定"按钮完成图幅。单击工具栏的"执行拼接"按钮弹出 DEM 拼接对话框，设置拼接后的 DEM 存放路径，单击"确定"完成 DEM 拼接。

单击工具栏的"执行更新"按钮弹出 DEM 更新对话框，设置拼接后的 DEM 存放路径，单击"确定"按钮对拼接前的 DEM 进行更新，用拼接后的高程代替原 DEM 高程。

单击工具栏的"划分图幅"按钮弹出划分图幅对话框，设置分幅 DEM 存放路径，单击"确定"按钮完成 DEM 的分幅。

（2）DEM 拼接与检查。选择系统主菜单"DEM 生产→DEM 拼接检查"菜单项，进入 DEM 拼接检查功能界面，如图 5.9 所示。

在选取拼接区域的编辑区域内会显示测区的所有模型和模型边界线，鼠标右键双击模型边界线，可使模型边界线的颜色在红色或黄色之间切换，即指定该模型参与或不参与拼接。

编辑区域内的蓝色方框代表拼接范围，光标移至编辑窗口内，按住鼠标左键拖动出一个矩形区域，松开左键可设定拼接范围。

单击"预览"按钮，弹出拼接精度对话框，可以查看拼接后的 DEM 质量，判断是否进行 DEM 的拼接。

4. DEM 质量检查

选择系统主菜单"DEM 生产→DEM 质量检查"菜单项，进入 DEM 质量检查功能界面，如图 5.10 所示。设置 DEM 文件路径和检查点数据文件。在界面的左侧列表里会显示检查点的点号和坐标误差，右侧的视图中会显示检查点点位和 DEM 范围。设置检查报告文件保存路径，单击"打印报告"按钮，输出 DEM 质量检查报告文件。

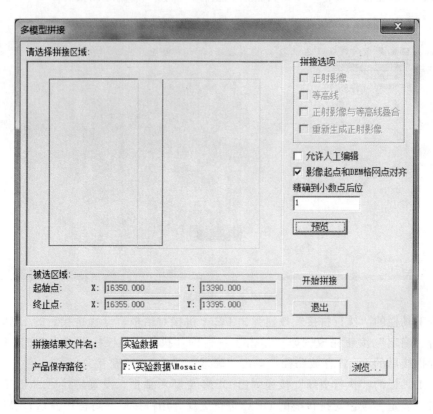

图 5.9　DEM 拼接与检查

图 5.10　DEM 质量检查

5.2 数字正射影像（DOM）生产

5.2.1 基础知识

1. 数字正射影像

数字正射影像是利用 DEM 或 TIN 模型，将经过扫描处理后的数字化航空像片或遥感影像逐像元进行改正、微分纠正并在一定的范围内镶嵌、裁切而成。由于具有良好的可判断性和可量测性，被广泛地应用于国民经济建设和各行各业。

2. 正射纠正

正射纠正是通过在原始影像上选取一些地面控制点，并利用该影像范围内的数字高程模型（DEM）数据，对影像同时进行倾斜改正和投影差改正，将影像重采样成正射影像的过程。

3. 数字微分纠正

数字微分纠正是利用影像的内定向参数和外方位元素及数字高程模型，按一定的数学模型用控制点解算，从原始非正射投影的数字影像获取正射影像。

5.2.2 实训目的和要求

（1）了解 VirtuoZo 正射纠正的原理。

（2）熟悉 VirtuoZo 的 DOM 生产、DOM 拼接、分幅、裁剪和质量检查等功能。

（3）掌握制作 DOM 的操作流程。

5.2.3 实训内容

（1）分别利用 VirtuoZo 的生成 DOM 功能和 DOM 制作功能生成 hammer 测区的四幅正射影像。

（2）利用 VirtuoZo 将 hammer 测区的四幅正射影像拼接成一幅正射影像。

（3）利用 VirtuoZo 将分幅与裁剪功能对拼接后的正射影像进行分幅与裁剪，去除影像边缘区域。

（4）利用控制点数据对正射影像进行质量检查。

5.2.4 实训指导

1. 生成正射影像

生成正射影像有自动和手动两种方式。

（1）自动生成正射影像。在 VirtuoZo 界面上选择"DOM 生产→生成正射影像"菜单项，系统将根据当前模型的 DEM 和原始影像自动生成正射影像。

（2）手动生成正射影像。在 VirtuoZo 界面上选择"DOM 生产→正射影像制作"菜单项，系统将打开正射影像制作对话框，如图 5.11 所示。

首先选取制作正射影像区域的 DEM 文件，然后单击"添加原始影像"按钮添加区域所有的原始影像，设置相机参数文件，输入结果文件的保存路径和文件名，单击"选择 DEM 的有效范围"按钮设定正射影像的范围和大小。运行后系统会生成设定区域的正射影像。

图 5.11　正射影像制作

2. 显示正射影像和透视景观

在 VirtuoZo 界面上选择"显示→正射影像"菜单项，系统将打开显示生成的正射影像，如图 5.12 所示。

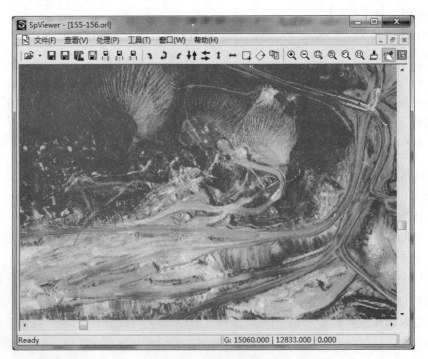

图 5.12　正射影像显示

在 VirtuoZo 界面上选择"显示→透视景观"菜单项，系统将打开 DEM 和正射影像生成的透视景观影像，如图 5.13 所示。

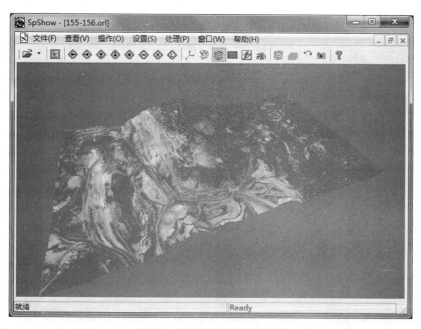

图 5.13 透视景观影像显示

3. 正射影像拼接

在 VirtuoZo 界面上选择"DOM 生产→正射影像拼接"菜单项，系统将打开正射影像拼接功能界面。单击工具栏上的"新建"按钮弹出新建工程对话框，设置工程路径和工程参数，单击"确定"按钮，即可新建一个拼接工程并进入拼接工程界面，如图 5.14 所示。

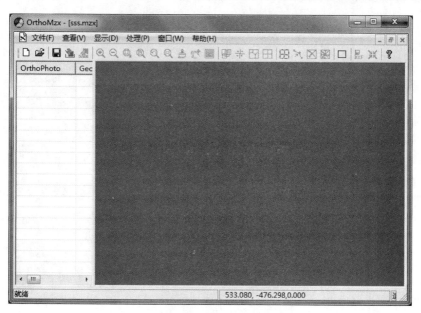

图 5.14 拼接工程对话框

单击工具栏上的"添加影像"按钮，添加进行拼接的正射影像，在功能界面的左边列表框内会显示添加的影像文件路径和相关信息，在功能界面的右边视窗内会显示添加的影像，如图5.15所示。

图5.15　正射影像添加

　　单击工具栏上的"生成拼接线"按钮，系统会自动生成红色的拼接线，单击工具栏上的"编辑拼接线"按钮，用鼠标单击拼接线可增加节点和移动拼接线，拼接线变化后可查看拼接效果。调整拼接线使拼接线两边的影像过渡更自然，单击工具栏上的"拼接影像"按钮，完成拼接如图5.16所示。

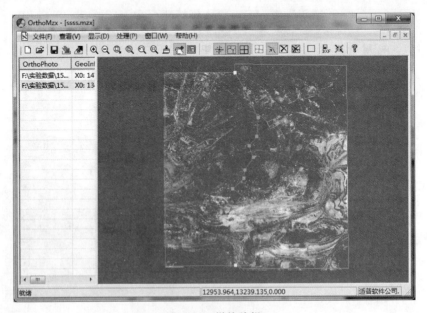

图5.16　拼接编辑

4. 正射影像分幅

在 VirtuoZo 界面上选择"DOM 生产→正射影像分幅"菜单项，系统将打开正射影像分幅功能界面。界面包括菜单栏、工具栏、状态栏、影像视图和图幅列表。

正射影像分幅可以采用 3 种方式：按块大小划分图幅、鼠标指定划分图幅、按地面范围划分图幅。

（1）按块大小划分图幅。单击工具栏上的"按块大小划分图幅"按钮，弹出"按块大小划分图幅"对话框如图 5.17 所示，设置划分图幅的起点坐标，图幅的大小和图幅外扩大小（与相邻图幅的重叠范围大小）。单击"确定"按钮，自动生成图幅。

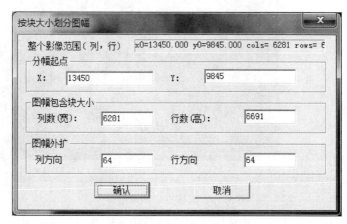

图 5.17　按块大小划分图幅对话框

在左侧的图幅列表中会显示图幅名称和图幅坐标范围，在右侧的影像视图中会显示图廓线和图幅名称，如图 5.18 所示。

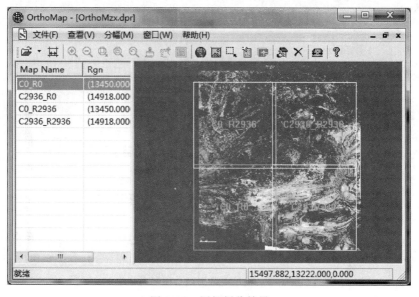

图 5.18　图幅划分结果

(2) 鼠标指定图幅范围。单击工具栏上的"鼠标指定图幅范围"按钮，在影像视图中将鼠标移至图幅起点位置，按住鼠标左键拖动出一个矩形区域，松开左键自动生成图幅，矩形区域即对应的图幅范围，如图 5.19 所示。

图 5.19　鼠标指定图幅范围

　　(3) 按地面范围划分图幅。单击工具栏上的"按地面范围划分图幅"按钮，弹出图幅划分对话框如图 5.20 所示，设置划分图幅的起点坐标，图幅的大小和图幅外扩大小（与相邻图幅的重叠范围大小）。单击"确定"按钮，自动生成图幅。按地面范围划分图幅与按影像块大小划分图幅类似，区别是按地面范围划分图幅时图幅的大小和图幅外扩大小的单位是 m，而按影像块大小划分图幅时是图像的行列数。

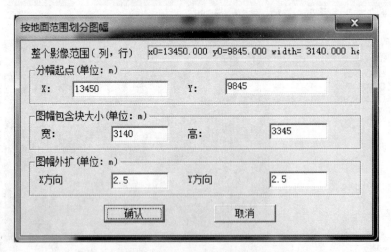

图 5.20　按地面范围划分图幅对话框

　　单击工具栏的"查看及修改图幅"按钮，弹出修改图幅信息对话框，可以修改图幅名和图幅范围，如图 5.21 所示。

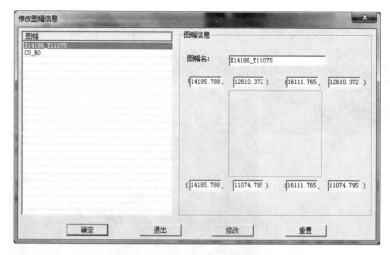

图 5.21　修改图幅信息对话框

单击工具栏的"输出图幅"按钮，弹出划分图幅对话框，设置图幅保存路径，输出图幅，如图 5.22 所示。

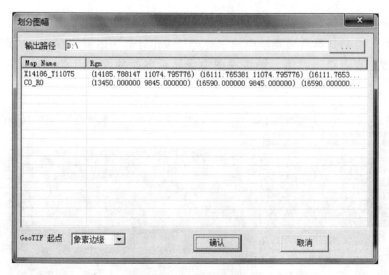

图 5.22　输出图幅

5. 正射影像检查

在 VirtuoZo 界面上选择"DOM 生产→正射影像检查"菜单项，系统将打开正射影像检查功能界面如图 5.23 所示，界面包括菜单栏、工具栏、状态栏、影像视图、放大视图、控制点点位视图和控制点列表。

打开一幅要进行检查的正射影像，单击工具栏上的"导入控制点"按钮，弹出导入控制点对话框，选择控制点文件路径和控制点点位图片文件夹目录，单击"确定"按钮导入用于检查的控制点，在窗口左侧控制点列表中会显示导入的控制点点号和坐标信息。

双击控制点列表中的一个控制点，在列表上方的小窗口中会显示控制点点位图，用鼠标右键菜单可以进行图像缩放。在左方的影像视图和放大视图中会显示控制点点位，在放

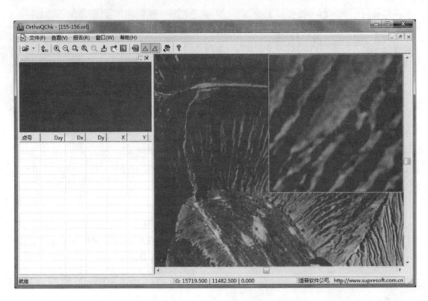

图 5.23　正射影像检查

大视图中单击鼠标左键，可以调整十字丝光标的位置，使十字丝光标的中心与该控制点的实际位置相符，然后选择右键菜单中的"确定"按钮计算正射影像在该点的误差。控制点列表会显示控制点点位误差值，影像视图中会显示准确的控制点点位和误差矢量，如图5.24 所示。

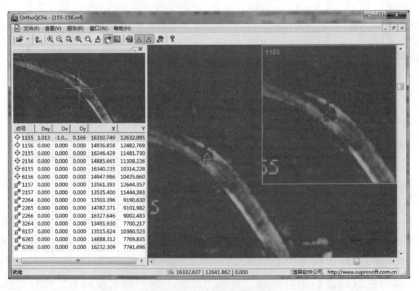

图 5.24　控制点点位显示

　　依上述方法依次对正射影像范围内的每个控制点进行检查。单击工具栏上的"导出精度报告"按钮，设置精度报告的文件名和路径，然后输出报告。可在报告中查看检查结果。

5.3 数字线划地图（DLG）生产

5.3.1 基础知识

数字线划地图是各地理要素的矢量数据集，且保存各要素间的空间关系和相关的属性信息。

5.3.2 实训目的和要求

掌握数字化测图的工作流程。了解数字摄影测量系统中的 IGS 各个功能菜单的使用方法。

5.3.3 实训内容

利用数字摄影测量系统中的 IGS 进行数字化测图。

5.3.4 实训指导

1. 进入测图模块

在 VirtuoZo 界面上选择"DLG 生产→IGS 立体测图"菜单项，系统将打开 IGS 数字测图功能界面。

单击测图功能界面主菜单"文件→新建 xyz 文件"菜单项，弹出新建文件对话框，设置新建矢量文件名和保存路径，单击"确定"按钮，弹出地图参数设置对话框，设置测图比例尺和高程数据小数，单击"确定"按钮后，测图模块新建并打开矢量文件，如图 5.25 所示。

图 5.25 矢量文件

单击测图功能界面的"文件→设置自动保存间隔"菜单项，设置矢量文件自动保存时间间隔。

2. 打开立体模型或正射影像

在 IGS 主界面中单击"装载→立体模型"菜单项，在系统弹出的对话框中选择一个模型文件，打开影像窗口显示立体模型，如图 5.26 所示。

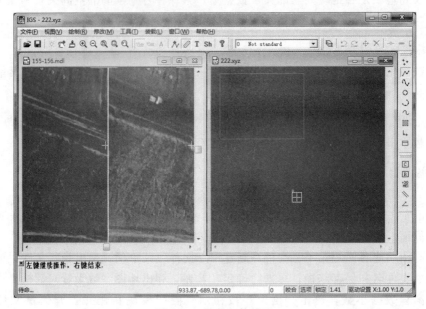

图 5.26　装载立体模型

如果要装载红绿立体，可单击"工具→选项"菜单项，在弹出的对话框中选择"影像设置"属性页，勾选"红绿立体"选项，然后单击"确定"按钮装载立体模型，如图 5.27 所示。

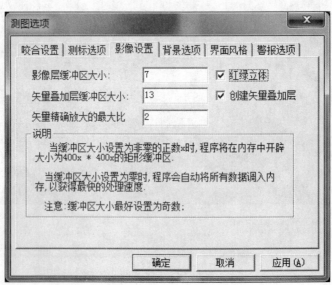

图 5.27　红绿立体显示设置

如果要装载正射影像，可单击"装载→立体模型"菜单项，在弹出的对话框中选择正射影像文件，打开影像窗口显示正射影像。

　　立体影像可以采用分屏显示或立体显示，单击"模式→立体模型"菜单项可以切换显示方式。分屏显示使用反光立体镜观测立体。

　　当左右影像的视差过大时，不便于立体观测，可用键盘上的 F7 和 F8 键或使用组合键 Shift ＋ →和 Shift ＋ ←对左右影像的视差进行调整，直至达到最佳的立体观测效果。

　　3. 地物地貌测绘

　　在数字测图系统中，地物量测就是对目标进行数据采集，获得目标的三维坐标 X、Y、Z 的过程。在 IGS 中，系统将实时记录测图的结果，并将之保存在测图文件中。

　　（1）模型与地图同步。鼠标单击激活立体模型窗口，单击 IGS 界面的"文件→设置模型边界"菜单项，系统自动根据模型确定地图范围，链接地图和模型位置，如图 5.28 所示。测图时，在模型视图中进行量测和绘图，矢量文件中会同步显示并保存测图结果。

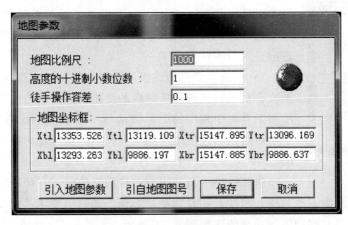

图 5.28　设置模型边界

　　（2）测图方式调整。在数据采集时，通过调整测标切准目标特征点获取地面高程和位置。测标有左右两个，分别显示于左右影像上。系统提供了两种方式调整测标高程：自动方式和人工方式。

　　1）自动调整。单击工具栏"自动高程"按钮，测标根据模型的 DEM，自动调整测高程，实时切准地表。

　　2）人工调整。人工调整测标的模式有两种：物方测图和像方测图。单击 IGS 界面的"模式→物方测图"菜单项，可以切换测图方式。打开时为物方测图模式，关闭时为像方测图模式。

　　在影像窗口中，按住鼠标中键左右移动，或按住键盘上的 Shift 键，左右移动鼠标，还可用键盘上的 PageUp 和 PageDown 两个键进行微调，都可调整测标高程使之切准地面。

　　像方测图模式：在数据采集时，采用了像方坐标输入模式，即输入左（右）片的像点坐标和左右视差来计算地面的 X、Y、Z 坐标。在这种模式下，调整测标高程表现为单测标作 X 方向移动。

物方测图模式：在数据采集时，采用了物方坐标输入模式，即直接输入地面坐标。在这种模式下，调整测标高程表现为双测标同时移动。此时测标调整的自动方式将关闭。

（3）图像缩放和漫游。单击工具栏的"放大"和"缩小"按钮可以缩放图像，单击"模式→精密放大"菜单项，可以打开关闭精密放大模式。精密放大是每次将当前影像放大 $\sqrt{2}$ 倍。

图 5.29　符号表对话框

单击工具栏的"漫游"按钮，鼠标左键按住图像拖动可以实现影像的漫游。单击"模式→自动漫游"菜单项，可以打开关闭自动漫游功能。打开自动漫游功能时，移动鼠标使光标接近显示窗口边框，影像会自动随光标上下左右移动，使矢量编辑更加方便。

（4）地物量测。量测地物的基本步骤如下。

1）选择地物特征码。单击工具栏"符号表"按钮，弹出符号表对话框如图 5.29 所示，鼠标单击选择要绘制的地物符号。

2）进入量测状态。单击工具栏"符号化地物绘制"按钮或右击进入量测状态。

3）根据需要选择线型或辅助测图功能。选择地物符号以后，系统会自动将该符号所对应的线型设置为缺省线型，界面右侧的绘图工具栏中相应的图标被激活（处于按下状态）。在量测过程中用户可以通过使用绘图工具栏中的快捷键切换来改变线型，如图 5.30 所示。

系统提供了自动闭合、自动直角化、自动高程注记、绘制平行线和方向捕捉辅助测图功能，可使地物量测更加方便。通过绘制工具栏图标可以启动或关闭辅助测图功能，辅助测图功能依次如图 5.31 所示。

图 5.30　线型选择对话框

图 5.31　绘制工具栏图标

自动闭合：自动在所测地物的起点与终点之间连线，自动闭合该地物。

自动直角化：自动对所测点的平面坐标按直角化条件进行平差，得到标准的直角图形，但是图形误差不能过大，否则无法完成平差。

自动高程注记：绘制高程点时，自动注记高程。

绘制平行线：绘制完一条线时，右击，移动鼠标光标至平行线所在位置右击自动绘制平行线。

方向捕捉：绘制已绘线段的平行线或垂线，移动鼠标光标至绘制线段的起点单击确定起点，移动光标至参考线段单击弹出方向捕捉对话框，选择捕捉方向，绘制线段。

4）对地物进行量测。在量测过程中，光标切准目标特征点，单击鼠标左键增加节点。

如果量错了某点，可以按键盘上的"BackSpace"键，删除该点，并将前一点作为当前点，按"Esc"键取消当前的测图。

（5）地物编辑。

1）进入编辑状态。单击工具栏"一般编辑"按钮或右击进入编辑状态。

2）选择地物或其节点。进入编辑状态后，可选择将要编辑的地物或该地物上的某个节点。

选择地物：将光标置于要选择的地物上，单击该地物。地物被选中后，该地物上的所有节点都将显示为蓝色小方框。

选择节点：选中地物后，在其某个节点的蓝色小方框上单击，则该点被选中，该点上的小方框变为红色。

选择多个地物：在编辑状态下，可用鼠标左键拉框，选择框内的所有地物。

取消当前选择：在没有选择节点的情况下，右击，可取消当前选择的地物，蓝色小方框将消失。

3）编辑功能。单击编辑工具栏的图标后对当前地物进行编辑操作，常用编辑有以下几种：

移动地物：在编辑地物上单击以确定移动的参考点，移动光标至参考点目标位置，再次单击鼠标，则当前地物被移动。

删除地物：单击需要删除的地物，则该地物被删除。

打断地物：单击地物上需要断开的地方，则当前地物在该点断开为两个地物。

地物闭合：单击地物，当前未闭合的地物变成闭合。

地物直角化：单击地物，修正当前地物的相邻边，使之相互垂直。

房檐修正：单击地物，系统弹出房檐修改对话框，在其中选择需要修正的边，输入修正值（单位与控制点单位相同），单击"确定"按钮，则当前房檐被修正。

点的编辑主要有移动、删除和添加，可通过系统弹出的右键菜单完成。

（6）文字注记。按下主工具栏上的注记图标，弹出注记对话框，用户可在其中输入注记的文本内容和相关参数，然后在影像或图形工作窗口内单击，即可在当前位置插入所定义的文本注记。

5.4 数字栅格地图（DRG）生产

5.4.1 基础知识

1. 数字栅格地图

数字栅格地图根据现有纸质、胶片等地形图经扫描和几何纠正及色彩校正后，形成在内容、几何精度和色彩上与地形图保持一致的栅格影像数据。

2. 地理校正

纸质地形图经过扫描后得到的栅格图像一般会出现不同程度的变形且没有相应的地理参考，纠正图像的几何变形，使其符合地图投影系统，并将地理坐标系统赋予图像数据的过程称为地理校正。

5.4.2　实训目的和要求

（1）了解 VirtuoZo 地理校正的原理。

（2）熟悉 VirtuoZo 的地理校正模块的功能及操作方法。

（3）掌握制作 DRG 的流程。

5.4.3　实训内容

对系统附带扫描地形图进行地理校正。

5.4.4　实训指导

1. 打开地图

在 VirtuoZo 主界面上单击"DRG 生产→DRG 地理矫正'"菜单项，进入 DRG 制作界面。在 DRG 制作界面的工具栏上，单击"打开"按钮，在弹出的打开对话框中选择地图，然后单击"打开"按钮，打开地图扫描影像，如图 5.32 所示。

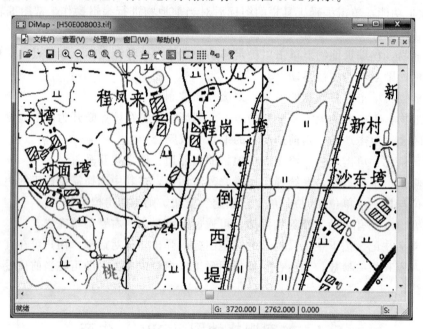

图 5.32　打开地图扫描影像

2. 四角配准

在 DRG 制作界面的工具栏上，单击"四角配准"按钮，进入四角配准对话框如图 5.33 所示。

首先，使用"选择像点"按钮，在地图上分别找准地图的左上、右上、左下和右下 4 个内图廓角点。可使用左、右、上、下按钮对各个点位进行微调，使点位精确落在地图的内图廓角点上。

然后单击"标准图号"按钮输入地图的标准图幅号，如"H50E008003"，单击"标准图廓"按钮，选择数据输入格式"D.M.S"，设置投影坐标系和地图左下角、右上角的

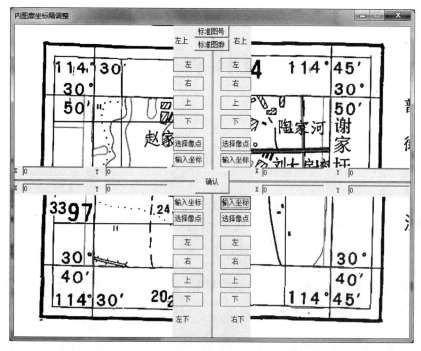

图 5.33　四角配准对话框

经纬度坐标（x1，y1 为左下角坐标，x2，y2 为右上角坐标，x 为经度，y 为纬度），左下角坐标为地图左下方内图廓角点的经纬度坐标，右上角坐标为地图右上方内图廓角点的经纬度坐标，投影坐标系参见地图左下角的文字说明，设置完后单击"确定"按钮即可。

3. 格网配准

在 DRG 制作界面的工具栏上，单击"格网配准"按钮，进入格网配准对话框，如图 5.34 所示。单击"提取格网"按钮，在弹出的对话框中设置格网的 x 和 y 方向的间距（单位：m），提取完毕，单击"确认"按钮即可。

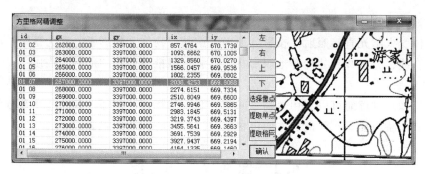

图 5.34　格网配准对话框

4. 纠正影像

在 DRG 制作界面的工具栏上，单击"纠正影像"按钮，进入纠正影像参数设置对话框，设置成果输出路径和分辨率，单击"确认"按钮即进行纠正，纠正完毕后退出程序。纠正结果为带地理坐标文件的 tif 格式地图。

第6章 像片判读与调绘

6.1 像 片 判 读

像片判读是根据航摄像片上地物的影像特征来识别地物。像片判读依据航摄像片上物体的影像特征，如影像的形状、大小、色调、阴影和相互位置的关系等。这些特征称为判读标志。

1. 形状

地物在航摄像片上的构像是中心投影的关系，在近似竖直摄影的像片上，地物的构像与地物正射投影的外形基本上相似。

2. 大小

在竖直摄影像片上量测影像的尺寸，乘以像片比例尺分母，就可大致确定地物的大小。

3. 色调

不同类型地物在像片上会呈现不同色调。地物的色调与地物的颜色、亮度、季节、太阳照度、摄影材料等因素有关，同类地物会呈现不同的色调，完全不同的地物也会有同样的色调，色调不能作为唯一的判读标志。

4. 纹理

影像的纹理与地物的类型和分布规律有关。比如航空像片上针叶林呈现颗粒状纹理，茶园呈现指纹状纹理。

5. 阴影

突出地面的物体会产生阴影。物体不被太阳光直接照射、背光的阴暗部分，构像称为暗影；物体受太阳光直接照射，投影到地面上或其他物体上的影子，称为落影。暗影有助于识别山脊线、分水线和冲沟等地貌形状。落影可以推测地物的形状、高度。

6. 相互关系

在进行像片判读时可以利用地物之间相互联系的规律。例如：公路与小溪或沟渠交叉处必然会有小桥或涵洞；河流的方向可根据河滩、河心洲的形状确定。

6.2 像 片 调 绘

像片调绘是在像片判读的基础上，实地调查和识别影像上的地物，对像片上没有影像的地物以及各种地形通过补测，并按照规定的图式符号和注记方式表示在航测像片上。像片调绘分全野外调绘和综合调绘。全野外调绘是直接在野外实地对照像片上影像进行的像片判读，并按规定的线划、符号在调查底图上标绘出来。全野外调绘法是室内判读和野外调查相结合的调绘方法。首先在室内进行影像判断，然后野外实地对室内判绘进行检查与补充，室内判绘的地物在实地如果发现错误要马上修改补绘。重点调查室内难以判读的地物，例如道路名称、路面材料、河流流向、电力线、通信线、管线及垣栅和植被。综合调绘法可以大量减少野外工作量，减轻调绘的劳动强度和提高调绘的效率，但准确率还达不到全野外调绘的水平。

6.3 实 训 目 的 和 要 求

（1）掌握航空摄影测量像片判读和调绘的基本方法。
（2）理解调绘综合取舍原则。
（3）掌握调绘路线的设计。
（4）了解调绘的基本要求，掌握像片调绘技术。

6.4 实 训 内 容

1. 室内判读
先在室内通过影像识别判绘影像显示的地理要素，像片判读步骤如下：
（1）准备笔、透明聚酯薄膜、木板、航空像片，收集相关区域的等比例尺地形图、专题图等辅助资料。
（2）在航片上用线标绘出航片的调绘区域，掌握该地区的基本地理概况。
（3）将航片铺在木板上，再将透明纸铺在航片上并固定。
（4）对镶嵌的像片图进行判读，将判读的成果按照规定的图式符号描绘在透明聚酯薄膜上。对于不明确或者无法判读的地物应该特别标明。
2. 实地调绘
设计好外业调绘进行线路，针对初步分析中存在的问题与存疑的地物，进行实地调查，并将结果注记到需要绘制的像片对应的位置上。对有疑问的或者是无法判绘的内容采用距离前方交会的方法用皮尺进行测量，确定地物点的位置，根据已知地点的数据量测出目标地物，并记录数据。
像片调绘步骤如下：
（1）踏勘测区，确定绘图边界，确定调绘路线。
（2）按外业路线进行地物调绘，将航片上地物在透明聚酯薄膜上面用铅笔描绘下来。
独立房屋：独立房屋图上尺寸大于 0.7mm×1mm 时，用图上的实际尺寸内加晕线表示，并标示建筑物的结构、层数和主要建筑物的名称。
草地：不绘制地类界，只在范围内配置相应符号。
公路：标明道路的名称，道路的铺面材料、宽度、实地调查、测量并记录。
（3）对于零星新增、遗漏地物，根据原有明显地物确定调绘物所在的位置。用皮尺量取四周明显地物的相关位置至新增地物点的距离，按该处的航片比例尺计算出航片上的长度，以两明显地物点的影像交会出新增地物，并在透明纸上描绘出新地物，量测新地物的长宽。对于大范围新增地物则用仪器野外实测其轮廓坐标，结合勘丈尺寸定位。

（4）对已拆除或实地不存在的地物（地貌）逐个打"×"。

（5）检查，提交调绘资料。完成像片的调绘工作。

第7章 遥感数据的输入、输出和显示

7.1 基 础 知 识

ERDAS IMAGING 的数据输入/输出功能（Import/Export），允许用户输入多种格式的数据供 ERDAS 使用，同时允许将 IMAGING 的文件转换成多种数据格式。目前，IM-AGING 9.2 可以输入的数据格式达 70 多种，可以输出的数据格式近 30 种，几乎包括常用或常见的栅格数据和矢量数据格式，表 7.1 列出了实际工作中 IMAGING 所支持的常用数据格式。

表 7.1 常用输入/输出数据格式

数据输入格式	数据输出格式
ArcInfo Coverage E00	ArcInfo Coverage E00
ArcInfo Grid E00	ArcInfo Grid E00
ERDAS GIS	ERDAS GIS
ERDAS LAN	ERDAS LAN
Shape file	Shape file
Generic Binary	Generic Binary
Geo TIFF	Geo TIFF
TIFF	TIFF
JPEG	JPEG

7.2 实 训 目 的 和 要 求

（1）理解遥感图像彩色合成的基本原理。
（2）掌握选用不同的合成方案产生不同效果。
（3）不同地物在不同的合成方案中颜色表现。

7.3 实 训 内 容

（1）数据的输入/输出。

（2）波段组合。

（3）遥感图像显示。

7.4　实　训　指　导

7.4.1　数据的输入/输出

在 ERDAS 图标面板菜单条单击"Main→ Import/Export "命令，打开 Import/Export 对话框（见图 7.1），或者在 ERDAS 图标面板工具条单击"Import/Export "图标，打开 Import/Export 对话框。

图 7.1　Import / Export 对话框

数据输入流程：

（1）在对话框中，确定参数为输入数据（Import）还是输出数据（Export）。

（2）在 Type 中选择需要输入或者是输出的数据类型。

（3）在 Media 中选择数据记录的媒体。

（4）分别在 Input File 以及 Output File 项设置输入以及输出文件名和路径。

（5）单击"OK"按钮，执行格式转换或者是进入下一级参数设置。

7.4.2　波段组合

一般来讲，用户所购买的卫星影像多波段数据在大多数情况下为多个单波段普通二进制文件，对于每个文件还附加一个头文件。而在实际的遥感图像处理过程中，大多数是针对多波段图像进行的，因而需要将若干波段遥感图像文件组合生成一个多波段遥感图像文件，该过程需要两个步骤：单波段数据转换和多波段数据组合。

7.4.2.1 单波段数据转换

（1）在 Import/Export 对话框（见图 7.1）中，设置输入数据类型为 Generic Binary，并设置输入以及输出文件名和路径。

（2）单击"OK"按钮，弹出 Import Generic Binary Data 对话框（图 7.2）。

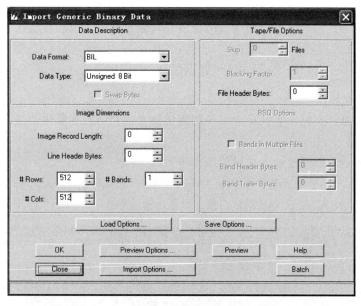

图 7.2 Import Generic Binary Data 对话框

（3）在 Import Generic Binary Data 对话框中，根据所附加的头文件中的参数设置相应的数据记录格式，数据类型以及数据行列数等参数。

（4）单击"Preview"预览图像转换结果，如果结果正确，则单击"OK"进行数据格式的转换，否则需要重新核查对应参数设置。

7.4.2.2 多波段数据组合

在 ERDAS 图标面板菜单条单击"Main→ Image Interpreter →Utilities → Layer Stack"命令，打开 Layer Selection and Stacking 对话框，如图 7.3 所示。

或者在 ERDAS 图标面板工具条单击"Interpreter→ Utilities→ Layer Stack"命令，打开 Layer Selection and Stacking 窗口。

在 Layer Selection and Stacking

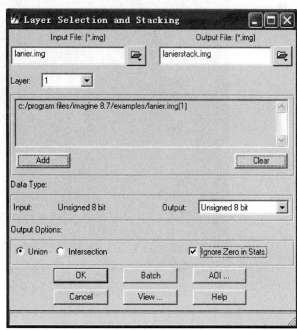

图 7.3 Layer Selection and Stacking 对话框

窗口中，依次选择并加载（Add）单波段图像，操作如下：

（1）在 Input File 项中输入单波段文件。

（2）单击"Add"按钮，添加该波段数据。

（3）重复（1）、（2）步骤，直到所有需要组合的波段添加完毕。

（4）在 Output File 项中设定输出多波段文件名称以及路径。

（5）根据数据文件的数据类型以及用户需要设置对应的多波段组合其他参数（可以参见对应的 Help 文件来进行参数设置）。

（6）单击"OK"按钮，执行多波段数据组合。

7.4.3　遥感图像显示

遥感图像的显示、显示方式设置以及图像信息查询和修改等操作都是在 ERDAS 的 I-MAGINE Viewer 中进行的。

遥感图像的显示以及显示方式设置操作步骤如下：

（1）在 ERDAS 图标面板菜单条单击"Main→Start IMAGINE Viewer"命令，打开 Viewer 窗口（见图 7.4），或者在 ERDAS 图标面板工具条单击"Viewer"图标，打开 Viewer 窗口。

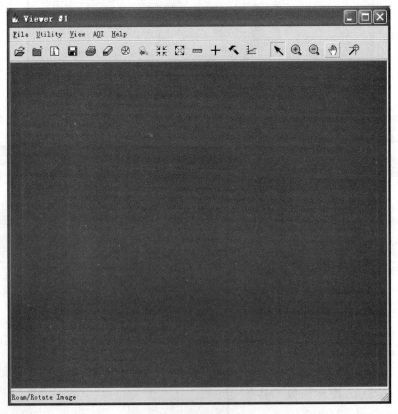

图 7.4　Viewer 窗口

（2）单击 Viewer 窗口中工具栏的打开按钮或菜单栏"File→Open→Raster Layer"，打开 Select Layer to Add 对话框（见图 7.5）。

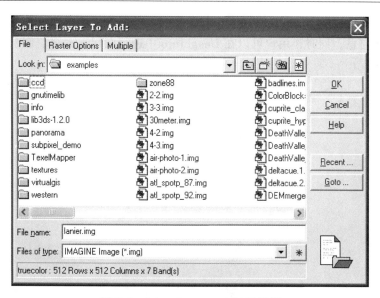

图 7.5　Select Layer to Add 对话框

（3）在 Select Layer to Add 中有三个选项页面，其中 File 页面主要使用户能够指定打开文件对象，Raster Options 提供了全色以及多波段影像打开的显示设置，Multiple 则提供了当用户选择多个图像文件时 Viewer 的显示方式。具体的参数意义见对应的 Help 文件。

（4）单击"OK"按钮，则在 Viewer 中显示对应的打开图像。

（5）在 Viewer 中，单击菜单栏"Utility→Layer Info"或菜单栏对应的 Layer Info 图标，打开 ImageInfo 对话框（见图 7.6）。

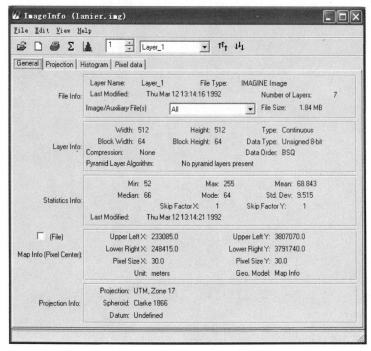

图 7.6　ImageInfo 对话框

（6）通过其提供的 ImageInfo 来查询与图像相关的图像大小、像元值、图像投影以及图像直方图等信息。同时，用户可以在 ImageInfo 中进行图层重命名、图层删除、投影信息修改等操作。

第8章 遥感数据预处理

8.1 图 像 校 正

8.1.1 基础知识

遥感图像的几何校正（Geometric Correction）是指从具有几何畸变的图像中消除畸变的过程，即建立遥感图像的像元坐标（图像坐标）与目标物的地理坐标（地图坐标）间的对应关系。

图像几何校正的过程主要包括以下几点。

1. 确定校正方法

通过图像中几何畸变的性质和可应用的进行几何校正的数据，确定几何校正方法。主要是指系统性校正，即将与传感器构造有关的校准数据，入焦距等以及传感器的位置、姿态等测量值代入到消除图像几何畸变的理论校正公式中进行几何校正。

2. 确定校正式

主要指对图像的非系统性校正，利用控制点的图像坐标和地图坐标的对应关系，近似地确定所给定图像坐标和应输出的地图坐标之间的坐标变换式。坐标变换式常用1、2次等角变换，2、3次投影变换或高次多项式。坐标变换式的系数可通过控制点的图像坐标值和地图坐标值经最小二乘法求出。

3. 验证校正方法和校正式的精度

检查几何畸变是否充分得到了校正，检查校正后的精度。当误差较大时，则调整校正式或对其中的参数进行修改。

4. 重采样和内插

为使校正后的输出图像的配置与输入图像相对应，需根据几何畸变的校正式对输入图像进行重采样，其方法主要有两种，即：对输入图像的各像元点在变换后的输出图像坐标系的相应位置进行计算，将各项像元数据投影到该位置上；对输出图像的各像元在输入图像坐标系的相应位置进行逆运算，求出该位置上的像元数据。由于经几何校正后，输出图像坐标的网格点所对应的输入图像坐标通常不是整数值，因此必须用输入图像周围点的像元值对所求点的像元值进行内插，用于几何校正的内插方法有：最邻近点内插法（NN：Nearest Neighbor）、双线性内插法（BI：Bilinear Interpolation）和三次卷积内插法（CC：Cubic Convolution）。

（1）最邻近点内插法（Nearest Neighbor）——将最接近的像元值赋予输出像元（见图8.1）。

该方法的优点是极值和一些细节不会丢失，对植被分类、查找具线性特征的边界或侦

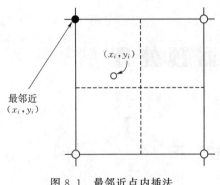

图 8.1 最邻近点内插法

测湖水的混浊度和温度发挥重要作用（Jensen，1996）。该方法适用于分类之前，计算速度快，适合于具有定性（qualitative）和定量（quantitative）特点的专题图像研究。

其缺点是从较大的栅格重采样到较小栅格时会出现阶梯状斜线；可能会丢失或重复一些数值；用于线形专题图（如道路、水系）可能引起线状网络数据断开或出现裂隙。

（2）双线性内插法（Bilinear Interpolation）——利用二次样条函数计算 2×2 窗口中的 4 个像元值并赋予输出像元（见图 8.2）。

$$V_m = \frac{V_3 - V_1}{D} \times dy + V_1 \tag{8.1}$$

$$V_n = \frac{V_4 - V_2}{D} \times dy + V_2 \tag{8.2}$$

$$V_r = \frac{V_n - V_m}{D} \times dx + V_m \tag{8.3}$$

或：
$$V_r = \sum_{i=1}^{4} W_i V_i = \sum_{i=1}^{4} \frac{(D - \Delta x_i)(D - \Delta y_i)}{D^2} \times V_i \tag{8.4}$$

式中　W_i——权重因子；

Δx_i，Δy_i——r 点与 i 点的坐标变化；

　　V_i——i 像元值。

双线性内插法的优点是图像较平滑，不会出现阶梯现象，空间精度较高，常用于需要改变像元大小的场合，如 SPOT/TM 的融合。

其缺点是由于像元作过平均计算，相当于低通滤波（Low-frequency convolution）的效果，边界平滑，某些极值会丢失。

（3）三次卷积内插法（Cubic Convolution）——利用三次函数计算 4×4 窗口中的像素值并赋予输出像素（见图 8.3）。

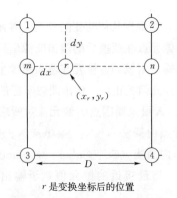

r 是变换坐标后的位置

图 8.2 双线性内插法

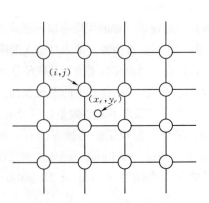

图 8.3 三次卷积内插法

类似于双线性内插，只是所用窗口为 4×4，而非 2×2，即对 16 个像元作平均运算而得出输出像元的数据文件值 V_r。

$$V_r = \sum_{i=1}^{4} \{ V(i-1,j+n-2) \times f[d(i-1,j+n-2)+1] +$$

$$V(i,j+n-2) \times f[d(i,j+n-2)] +$$

$$V(i+1,j+n-2) \times f[d(i+1,j+n-2)-1] + \qquad (8.5)$$

$$V(i+2,j+n-2) \times f[d(i+2,j+n-2)-2] \}$$

说明：$i = \text{int}(x_r)$，$j = \text{int}(y_r)$；$d(i, j)$ 表示 (i, j) 和 (x_r, y_r) 坐标距离；$V(i, j)$ 表示 (i, j) 像元值。

$$f(x) = \begin{cases} (a+2)\,|\,x\,|^3 - (a+3)\,|\,x\,|^2 + 1, & \text{if } |\,x\,| < 1 \\ a\,|\,x\,|^3 - 5a\,|\,x\,|^2 2 + 8a\,|\,x\,| - 4a, & \text{if } 1 < |\,x\,| < 2 \\ 0, & \text{otherwise} \end{cases} \qquad (8.6)$$

a 大多数情况下取 -0.5，这将使输出影像的均值和标准差接近于原始数据。

三次卷积内插法的优点是输出影像的均值和标准差接近于原始数据；这种方法适用于数据像元尺寸改变很大的场合，如 TM 与航空照片融合。

其缺点是数据值会发生变化；计算工作量大，因此处理速度较慢。

8.1.2 实训目的和要求

(1) 掌握遥感图像几何校正的主要过程和步骤。

(2) 学习在不同传感器数据上同名点地物寻找、确定的方法和原则。

(3) 学习几何校正中控制点的选取方法和原则。

8.1.3 实训内容

(1) 图像几何校正概述。

(2) 资源卫星图像校正。

8.1.4 实训指导

几何校正（Geometric Correction）就是将图像数据投影到平面上，使其符合地图投影系统的过程；而将地图坐标系统赋予图像数据的过程，称为地理参考（Geo-referencing）。由于所有地图投影系统都遵从于一定的地图坐标系统，所以几何校正包含了地理参考。

8.1.4.1 图像几何校正概述

在正式开始介绍图像几何校正方法和过程之前，首先对 ERDAS IMAGINE 图像几何校正过程中的几个普遍性的问题进行简要说明，以便于随后的操作。

1. 图像几何校正途径

在 ERDAS IMAGINE 系统中进行图像几何校正，通常有两种途径启动几何校正模块：一种是数据预处理途径；另外一种是窗口栅格操作途径。

（1）数据预处理途径。在 ERDAS 图标面板菜单条单击"Main →Data Preparation→ Image Geometric Correction"命令，打开 Set Geo Correction Input File 对话框，或者在 ERDAS 图标面板工具条单击"Data Prep →Image Geometric Correction"命令，打开 Set Geo Correction Input File 对话框，如图 8.4 所示。

在 Set Geo Correction Input File 对话框中，需要确定校正图像，校正图像的选择有两种方式：一种是从显示窗口中设置校正图像。选择"From Viewer"单选按钮，单击"Select Viewer"按钮选择显示图像窗口；另外一种是通过文件来设置校正图像，选择"From Image File"单选按钮，选择输入图像（Input Image File）。打开 Set Geometric Model 对话框（见图 8.5）。注意：第一种情况必须事先在一个窗口中打开需要几何校正的图像，否则无法进行选择。

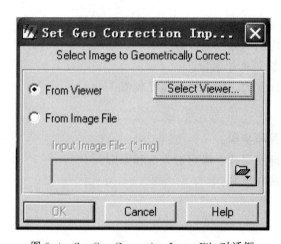

图 8.4　Set Geo Correction Input File 对话框

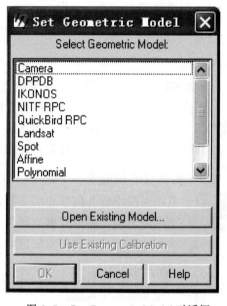

图 8.5　Set Geometric Model 对话框

（2）窗口栅格操作途径。这种途径首先在一个窗口中打开需要校正的图像，然后在栅格操作菜单中启动几何校正模块，在菜单条单击"Raster→Geometric Correction"命令，打开 Set Geometric Model 对话框（见图 8.5）。

选择好需要校正的影像后，在进行几何校正之前需要设置一些参数，包括几何校正计算模型（Select Geometric Model），校正模型参数与投影参数，采点模式等。

几何校正模块启动的两种途径比较而言，窗口栅格操作途径更为直观简便，建议采用该方式。

2.几何校正计算模型

ERDAS IMAGINE 提供的图像几何校正计算模型（Geometric Correction Model）有6 种，具体功能见表 8.1。

表 8.1	几何校正计算模型与功能
模 型	功 能
Affine	图像仿射变换（不做投影变换）
Camera	航空影像正射校正
Landsat	Landsat 卫星图像正射校正
Polynomial	多项式变换（同时做投影变换）
Rubber Sheeting	非线性、非均匀变换
SPOT	SPOT 卫星图像正射校正

其中，多项式变换（Polynomial）在卫星图像校正过程中应用较多，在调用多项式模型时，需要确定多项式的次方数（Order），通常整景图像选择 3 次方。次方数与所需要的最少控制点数是相关的，最少控制点数计算公式 $[(t+1)\times(t+2)]/2$，式中 t 为次方数，即 1 次方最少需要 3 个控制点，2 次方需要 6 个控制点，3 次方需要 10 个控制点，依次类推。

3. 几何校正采点模式

图 8.6 中列出了 ERDAS IMAGINE 系统提供的 9 种控制点采集模式。仔细分析这 9 种模式，可以归纳为 3 大类，具体类型与含义见表 8.2。

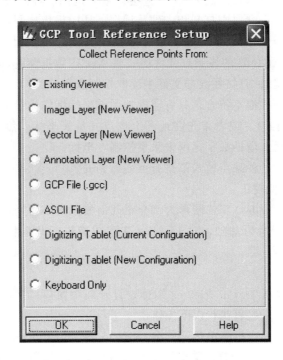

图 8.6 GCP Tool Reference Setup 对话框

表 8. 2 几何校正采点模式与含义

模 式	含 义
Viewer to Viewer	窗口采点模式
Existing Viewer	在已经打开的窗口中采点
Image Layer (New Viewer)	在新打开的图像窗口中采点
Vector Layer (New Viewer)	在新打开的矢量窗口中采点
Annotation Layer (New Viewer)	在新打开的注记窗口中采点
File to Viewer	文件采点模式
GCP File (∗.gcc)	在控制点文件中读取点
ASCII File	在 ASCII 码文件中读取点
Map to Viewer	地图采点模式
Digitizing Tablet (Current)	在当前数字化仪上采点
Digitizing Tablet (New)	在新配置数字化仪上采点
Keyboard Only	通过键盘输入控制点

表 8.2 中所列的 3 类几何校正采点模式，分别应用于以下不同的情况：

（1）如果已经拥有需要校正图像区域的数字地图、经过校正的图像或注记图层的话，就可以应用第 1 种模式（窗口采点模式），直接以数字地图、经过校正的图像或注记图层作为地理参考，在另一个窗口中打开相应的数据层，从中采集控制点。

（2）如果事先已经通过 GPS 测量、摄影测量或其他途径获得了控制点的坐标数据，并保存为 ERDAS IMAGINE 的控制点文件格式或 ASCII 数据文件的话，就应该调用第 2 种类型（文件采点模式），直接在数据文件中读取控制点坐标。

（3）如果前两种条件都不符合，只有印刷地图或坐标纸作为参考的话，则只好采用第 3 种类型（地图采点模式），或者首先在地图上选点并量算坐标，然后通过键盘输入坐标数据；在地图上选点后，借助数字化仪来采集控制点坐标。

在实际工作中，这 3 种采点模式都是有可能遇到的。

8.1.4.2 资源卫星图像校正

以 SPOT 图形和 Landsat TM 图形为例介绍几何校正的具体处理流程，其中以已经具有地理参考的 SPOT 图像为基础，对 Landsat TM 图像进行几何校正，其工作流程如图 8.7 所示。

1. 显示图像文件

在 ERDAS 图标面板中双击 Viewer 图标，打开两个窗口（Viewer♯1/Viewer♯2），并将两个窗口平铺放置，接着执行以下操作：

（1）在 ERDAS 图标面板菜单条，单击 "Session→Tile Viewers" 命令。

（2）在 Viewer♯1 窗口中打开需要校正的 Landsat TM 图像 tmAtlanta. img。

（3）在 Viewer♯2 窗口中打开作为地理参考的校正过的 SPOT 图像 panAtlanta. img。

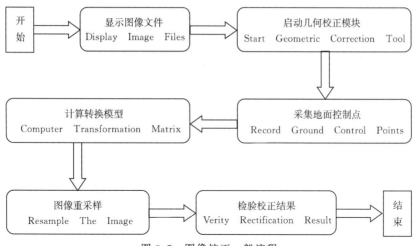

图 8.7　图像校正一般流程

2. 启动几何校正模块

(1) 在 Viewer #1 菜单条，单击 "Raster → Geometric Correction" 命令。

(2) 打开 Set Geometric Model 对话框 (见图 8.5)。

(3) 选择多项式几何校正计算模型为 Polynomial。

(4) 同时打开 Geo Correction Tools 对话框 (见图 8.8) 和 Polynomial Model Properties 窗口 (见图 8.9)。在 Polynomial Model Properties 窗口中，定义多项式模型参数及投影参数，其中多项式模型参数 (Polynomial Order) 为 2。

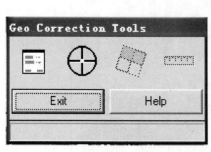

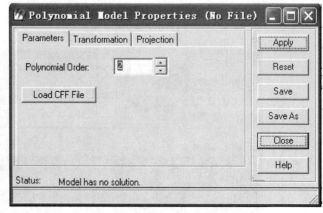

图 8.8　Geo Correction Tools 对话框　　　图 8.9　Polynomial Model Properties 窗口

　　说明：该实例是采用窗口采点模式，作为地理参考的 SPOT 图像已经含有投影信息，所以这里不需要定义投影参数。如果不是采用窗口采点模式，或者参考图像没有包含投影信息，则必须在这里定义投影信息，包括投影类型及其对应的投影参数。

3. 启动控制点工具

(1) 打开 GCP Tool Reference Setup 对话框 (见图 8.6)。

(2) 在 GCP Tool Reference Setup 对话框中选择采点模式，即选择 "Existing Viewer" 单选按钮。

（3）打开 Viewer Selection Instructions 指示器（见图 8.10）。

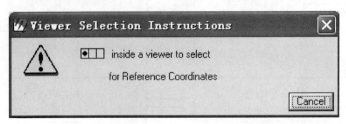

图 8.10　Viewer Selection Instructions 指示器

（4）单击作为地理参考图像 panAtlanta.img 的 Viewer♯2 显示窗口。

（5）打开 Reference Map Information 对话框（见图 8.11），查看参考图像的投影信息。

（6）整个屏幕将自动变化为如图 8.12 所示的状态，其中包含两个主窗口、两个放大窗口、两个关联方框（分别位于两个窗口中，指示放大窗口与主窗口的关系）、控制点工具对话框和几何校正工具等。表明控制点工具被启动，进入控制点采集状态。

4.采集地面控制点

在正式开始采集控制点之前，先对控制点工具对话框进行说明。

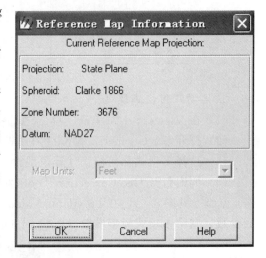

图 8.11　Reference Map Information 对话框

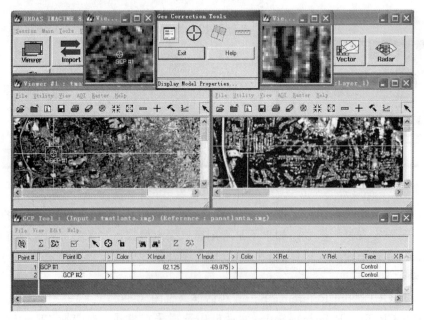

图 8.12　Reference Map Information 窗口

GCP 工具（GCP Tool）对话框由菜单条、工具条、控制点数据表（GCP Cell Array）及状态条（Status Bar）4 个部分组成，菜单条中菜单命令及其功能见表 8.3，工具条中的图标及其功能见表 8.4，控制点数据表字段及其含义见表 8.5。

表 8.3　　　　　　　　　　　　　　　　GCP 菜单命令及其功能

命　　　令	功　　　能
File	文件操作:
Load Input	调用输入控制点文件（＊.gcc）
Save Input	将输入控制点保存在图像中
Save Input As	保存输入控制点文件（＊.gcc）
Load Reference	调用参考控制点文件（＊.gcc）
Save Reference	将参考控制点保存在图像中
Save Reference As	保存参考控制点文件（＊.gcc）
Close	关闭控制点工具
View:	显示操作:
View Only SelectedGCP's	窗口仅显示所选择的控制点
Show Selected GCP in Table	在表格显示所选择的控制点
Arrange Frames on Screen	重新排列屏幕中的组成要素
Tools	调出控制点工具图标面板
Start Chip Viewer	重新打开放入窗口
Edit:	编辑操作:
Set Point Type	设置采集点的类型（控制/检查）
Reset Reference Source	改变参考控制点源文件
Reference Projection	改变参考文件的投影参数
Point Prediction	按照转换方程计算下一点位置
Point Matching	借助像元的灰度值匹配控制点
Help:	联机帮助:
Help for GCP Tool	关于 GCP 工具的联机帮助

表 8.4　　　　　　　　　　　　　　GCP 工具图标及其功能

图标	命　　　令	功　　　能
	Toggle	自动 GCP 编辑模式开关键
∑	Calculate	依据控制点求解几何校正模型
∑🗘	Automatic	设置自动转换计算开关
☑	Compute Error	计算检查点的误差，更新 RMS 误差

图标	命令	功能
	Select GCP	激活 GCP 选择工具、在窗口中选择 GCP
	Create GCP	在窗口中选择定义 GCP
	Lock	锁住当前命令,以便重复使用
	Unlock	释放当前被锁住命令
	Find in Input	选择寻找输入图像中的 GCP
	Find in Refer	选择寻找参考文件中的 GCP
	Z Value	计算更新所选 GCP 的 Z 值
	Auto - Z Value	自动更新所有 GCP 的 Z 值

表 8.5　　　　　　　　　　　GCP 数据表字段及其含义

字 段	含 义
Point #	GCP 顺序号,系统自动产生
Point ID	GCP 标识码,用户可以定义
>	GCP 当前选择状态提示符号
Color	输入 GCP 显示颜色
X Input	输入 GCP 的 X 坐标
Y Input	输入 GCP 的 Y 坐标
Color	参考 GCP 显示颜色
X Reference	参考 GCP 的 X 坐标
Y Reference	参考 GCP 的 Y 坐标
Type	GCP 的类型(控制点/检查点)
X Residual	单个 GCP 的 X 残差
Y Residual	单个 GCP 的 Y 残差
RMS Error	单个 GCP 的 RMS 误差
Contribution	单个 GCP 的贡献率
Match	两幅图像 GCP 像元灰度值的匹配程度

关于 GCP 工具对话框,还需要说明几点:

(1) 输入控制点 (Input GCP) 的是在原始文件窗口中采集的,具有源文件的坐标系统;而参考控制点 (Reference GCP) 是在参考文件窗口中采集的,具有已知的参考坐标系统,GCP 工具将根据对应点的坐标值自动生成转换模型。

(2) 在 GCP 数据表中,残差 (Residuals)、中误差 (RMS)、贡献率 (Contribution) 及匹配程度 (Match) 等参数,是在编辑 GCP 的过程中自动计算更新的,用户是不可以任意改变的,但可以通过精确 GCP 位置来调整。

（3）每个 IMG 文件都可以有一个 GCP 数据集与之相关联，GCP 数据集保存在一个栅格层数据文件中；如果 IMG 文件有一个 GCP 数据集存在的话，只要打开 GCP 工具，GCP 点就会出现在窗口中。

（4）所有的输入 GCP 都可以直接保存在图像文件中（Save Input），也可以保存在控制点文件中（Save Input As）。如果是保存在图像文件中，调用的方法如上所述，如果是保存在 GCP 文件中，可以通过加载调用（Load Input）。

（5）参考 GCP 也可以类似地保存在参考图像文件中（Save Reference）或 GCP 文件中（Save Reference As），便于以后调用。

在图像几何校正过程中，采集控制点是一项非常重要和相当繁琐的工作，具体操作过程如下：

（1）在 GCP 工具对话框中单击"Select GCP 图标▐"，进入 GCP 选择状态。

（2）在 GCP 数据表中将输入 GCP 的颜色（Color）设置为比较明显的黄色。

（3）在 Viewer♯1 中移动关联方框位置，寻找明显的地物特征点，作为输入 GCP。

（4）在 GCP 工具对话框中单击"Create GCP 图标⊕"，并在 Viewer♯3 中单击定点，GCP 数据表将记录一个输入 GCP，包括其编号、标识码、X 坐标、Y 坐标。

（5）在 GCP 工具对话框中单击"Select GCP 图标▐"，重新进入 GCP 选择状态。

（6）在 GCP 数据表中将参考 GCP 的颜色设置为比较明显的红色。

（7）在 Viewer♯2 中移动关联方框位置，寻找对应的地物特征点，作为参考 GCP。

（8）在 GCP 工具对话框中单击"Create GCP 图标⊕"，并在 Viewer♯4 中单击定点，系统将自动把参考点的坐标（X Reference，Y Reference）显示在 GCP 数据表中。

（9）在 GCP 工具对话框中单击"Select GCP 图标▐"，重新进入 GCP 选择状态；并将光标移回到 Viewer♯1，准备采集另一个输入控制点。

（10）不断重复步骤（1）～（9），采集若干 GCP，直到满足所选定的几何校正模型为止。而后，每采集一个 Input GCP，系统自动产生一个 Ref. GCP，通过移动 Ref. GCP 可以逐步优化校正模型。

采集 GCP 以后，GCP 数据表如图 8.13 所示。

Point #	Point ID	>	Color	X Input	Y Input	>	Color	X Ref.	Y Ref.	Type	X F
1	GCP #1			161.962	-142.259			411848.331	1364235.900	Control	
2	GCP #2			381.848	-143.614			432271.023	1360293.491	Control	
3	GCP #3			481.631	-352.252			438087.189	1339545.970	Control	
4	GCP #4			195.640	-173.233			414598.962	1360652.330	Control	
5	GCP #5			369.993	-224.348			429844.897	1353055.276	Control	
6	GCP #6			456.090	-334.766			435927.398	1341559.388	Control	
7	GCP #7	>				>				Control	

GCP Tool : (Input : tmatlanta.img) (Reference : panatlanta.img)
File View Edit Help
Control Point Error: (X) 0.0000 (Y) 0.0000 (Total) 0.0000

图 8.13 GCP Tool 对话框与 GCP 数据表

5. 采集地面检查点

以上所采集的 GCP 的类型均为 Control Point（控制点），用于控制计算、建立转换模型及多项式方程。下面所要采集的 GCP 的类型均是 Check Point（检查点），用于检验所建立的转换方程的精度和实用性。如果控制点的误差比较小的话，也可以不采集地面检查点。

依然在 GCP Tool 对话框状态下按以下步骤操作：

（1）在 GCP Tool 菜单条中确定 GCP 类型。

（2）单击"Edit→Set Point Type → Check"命令。

（3）在 GCP Tool 菜单条中确定 GCP 匹配参数（Matching Parameter）。

单击"Edit→ Point Matching"命令，打开 GCP Matching 对话框，在 GCP Matching 对话框中，需要定义下列参数：

在匹配参数（Matching Parameter）选项组中设最大搜索半径（Max. Search Radius）为 3；搜索窗口大小（Search Window Size）为 X 值 5/Y 值 5。

在约束参数（Threshold Parameters）选项组中设相关阈值（Correlation Threshold）为 0.8；删除不匹配的点（Discard Unmatched Point）。

在匹配所有/选择点（Match All/Selected Point）选项组中设从输入到参考（Reference from Input）或从参考到输入（Input from Reference）。

单击"Close"按钮（关闭 GCP Matching 对话框）。

（4）确定地面检查点。在 GCP Tool 工具条中单击"Create GCP"图标，并将"Lock"图标打开，锁住 Create GCP 功能，如同选择控制点一样，分别在 Viewer♯1 和 Viewer♯2 中定义 5 个检查点，定义完毕后单击"Unlock"图标，解除 Create GCP 功能。

（5）计算检查点误差。在 GCP Tool 工具条中单击"Compute Error"图标，检查点的误差就会显示在 GCP Tool 的上方，只有所有检查点的误差均小于一个像元，才能继续进行合理的重采样。一般来说，如果控制点（GCP）定位选择比较准确的话，检查点匹配会比较好，误差会在限差范围内；否则，若控制点定义不精确，检查点就无法匹配，误差会超标。

6. 计算转换模型

在控制点采集过程中，一般是设置为自动转换计算模型（Compute Transformation），所以，随着控制点采集过程的完成，转换模型就自动计算生成，下面是转换模型的查阅过程：

在 Geo Correction Tools 对话框中单击"Display Model Properties"图标，打开 Polynomial Model Properties（多项式模型参数）对话框（见图 8.14），在多项式模型参数对话框中查阅模型参数，并记录转换模型。

7. 图像重采样

重采样（Resample）过程就是依据未校正图像像元值计算生成一幅校正图像的过程，原图像中所有栅格数据层都将进行重采样。ERDAS IMAGINE 提供 3 种最常用的重采样方法：最邻近点内插法、双线性内插法、三次卷积内插法（详见 8.1.1 节）。

具体操作流程为：

在 Geo Correction Tools 对话框中单击"Image Resample 图标"，打开 Resample（图像重采样）对话框（见图 8.15），在 Resample 对话框中，定义重采样参数。

输出图像文件名（Output File）为 rectify. img。

选择重采样方法（Resample Method）为 Nearest Neighbor。

定义输出图像范围（Output Corners），在 ULX、ULY、LRX、LRY 微调框中分别

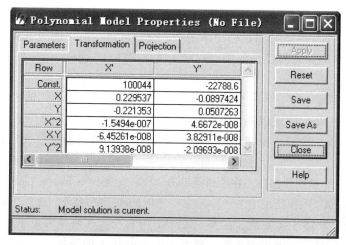

图 8.14 Polynomial Model Properties 对话框

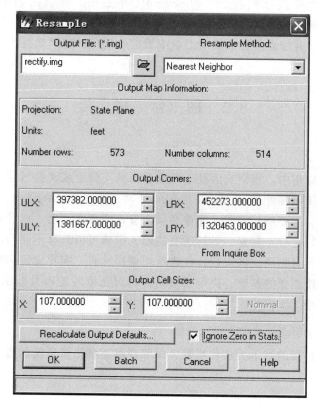

图 8.15 Resample 对话框

输入需要的数值。

定义输出像元大小（Output Cell Sizes），X 值 30，Y 值 30。

设置输出统计中忽略零值，即选中 Ignore Zero in Stats 复选框。

设置重新计算输出默认值（Recalculate Output Defaults），设 Skip Factor 为 10。

单击"OK"按钮（关闭 Resample 对话框，启动重采样进程）。

8. 保存几何校正模式

在 Geo Correction Tools 对话框中单击"Exit"按钮，退出图像几何校正过程，按照系统提示选择保存图像几何校正模式，并定义模式文件（*.gms），以便下次直接使用。

9. 检验校正结果

检验校正结果（Verify Rectification Result）的基本方法是：同时在两个窗口中打开两幅图像，其中一幅是校正以后的图像，一幅是当时的参考图像，通过窗口地理连接（Geo Link /Unlink）功能及查询光标（Inquire Cursor）功能进行目视定性检验，具体过程如下：

（1）打开两个平铺图像窗口。在菜单条单击"File →Open→ Raster Option"命令，选择图像文件，或在 ERDAS 图标面板单击"Session →Tile Viewers"命令，选择平铺窗口。

（2）建立窗口地理连接关系。在 Viewer♯1 中右击，在快捷菜单中选择"Geo Link /Unlink"命令。在 Viewer♯2 中单击，建立与 Viewer♯1 的连接。

（3）通过查询光标进行检验。在 Viewer♯1 中右击，在快捷菜单中选择"Inquire Cursor"命令，打开光标查询对话框。在 Viewer♯1 中移动查询光标，观测其在两屏幕中的位置及匹配程度，并注意光标查询对话框中数据的变化。如果满意的话，关闭光标查询对话框。

8.2　图　像　拼　接

8.2.1　基础知识

在遥感图像的应用中，当研究区处于几幅图像的交界处或研究区较大需要多幅图像拼接时，就需要用图像拼接处理（Mosaic Images）将有地理参考的若干相邻图像合并成一幅图像或一组图像。需要拼接的输入图像必须含有地图投影信息，或者输入图像必须经过几何校正处理或进行过校正标定。虽然所有的输入图像可以具有不同的投影类型、不同的像元大小，但必须具有相同的波段数。在进行图像拼接时，需要确定一幅参考图像，参考图像将作为输出拼接图像的基准，决定拼接图像的对比度匹配以及输出图像的地图投影、像元大小和数据类型。

8.2.2　实训目的和要求

掌握遥感图像拼接的基本方法和步骤，深刻理解遥感图像拼接的意义。

8.2.3　实训内容

（1）显示图像。

（2）启动图像拼接工具。

（3）加载 Mosaic 图像。

（4）图像重叠组合。

（5）图像色彩匹配设置。

（6）定义输出图像。

（7）运行 Mosaic 工具。

8.2.4 实训指导

8.2.4.1 多波段图像拼接

图像拼接需要有足够宽的重叠区，最好不少于图像的 1/5，否则会影响精度；相邻图像往往色调或灰度值不一致，需要进行直方图匹配；如果拼接后需要进行某种地图投影变换，最好先根据该投影方式分幅校正，然后再拼接。

以 3 幅哈萨克斯坦的 Landsat（MSS 和 TM）影像 wasia1_mss. img，wasia2_mss. img 和 wasia3_tm. img 为例。

1. 显示图像

在视窗菜单条中单击"File→Open→Raster Layer"菜单项，打开 Select Layer To Add 对话框，在 Select Layer To Add 对话框定义下列设置：

Filename：wasia1_mss. img。

选中 Raster Options 标签。

不选 Clear Display。

选择 Background Transparent 和 Fit to Frame。

单击"OK"按钮，打开 wasia1_mss. img。

重复以上步骤分别将 wasia2_mss. img 和 wasia3_tm. img 加载到该视窗。

2. 启动图像拼接工具

在 ERDAS 图标面板菜单条，单击"Main → Data Preparation→Mosaic Images→Mosaic Tool"命令，打开 Mosaic Tool 对话框（见图 8.16），或在 ERDAS 图标面板工具条，单击"Data Prep→ Mosaic Images → Mosaic Tool"命令，打开 Mosaic Tool 对话框。

图 8.16　Mosaic Tool 对话框

3. 加载 Mosaic 图像

(1) 在 Mosaic Tool 视窗菜单条选择 "Edit→Add Images" 菜单，打开 Add Images 对话框，或在 Mosaic Tool 视窗工具条选择 "Add Images" 按钮，打开 Add Images 窗口。

(2) 在 Add Images 对话框中设置以下参数：

加载镶嵌图像文件：wasia1_mss. img；wasia2_mss. img 和 wasia3_tm. img。

图像镶嵌区域：Compute Active Area（见图 8.17）。

(3) 单击 "OK" 按钮，添加到 Mosaic Tool 视窗。

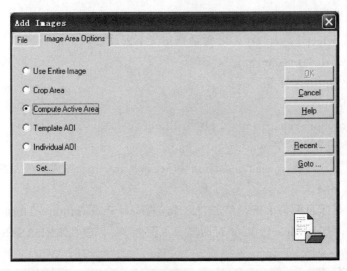

图 8.17　Add Images 对话框 Image Area Options 标签

4. 图像重叠组合

(1) 在 Mosaic Tool 视窗工具条中选择 "Set Mode for Input Images" 按钮，进入设置输入图像模式状态，Mosaic Tool 视窗工具条中将出现与该模式对应的调整图像叠置次序的编辑图标。

(2) 根据需要利用这些工具进行上下层调整。具体包括：将选定图像置于最上层；将选定图像上移一层；将选定图像置于最下层；将选定图像下移一层；将选定图像次序颠倒。

(3) 调整完成后，在 Mosaic Tool 视窗图形窗口单击一下，退出图像叠置组合状态。

5. 图像色彩匹配设置

(1) 在 Mosaic Tool 视窗工具条中选择 "Display Color Correction" 按钮，打开 Color Corrections 对话框（见图 8.18）。

(2) 在 Color Corrections 对话框作如下设置：Exclude Areas（允许用户建立一个感兴区）；Use Image Dodging（匀光处理）；Use Color Balancing（色彩平衡）；Use Histogram Matching（直方图匹配）。

(3) 单击 "OK" 按钮，保存设置并关闭 Color Corrections 对话框。

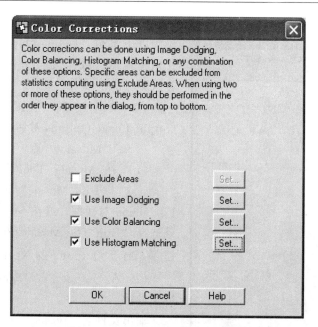

图 8.18　Color Corrections 对话框

（4）在 Mosaic Tool 视窗工具条中单击"Set Mode For Intersection 按钮" ⊡，进入设置图像关系模式。

（5）单击"Set Overlap Function"按钮 *fx*，打开 Set Overlap Function 对话框（见图 8.19）。

（6）在 Set Overlap Function 对话框中，设置以下参数：

Intersection Type（相交类型）：No Cutline Exists（没有接缝线）。

Select Function（重合区像元灰度函数）：Feather（羽化）。

（7）单击"Apply"按钮。

（8）单击"Close"按钮，关闭 Set Overlap Function 对话框。

6. 定义输出图像

（1）在 Mosaic Tool 视窗工具条中选择"Set Mode For Output Images"按钮 ⸬，进入设置输出图像模式。

（2）单击"Set Output Options Dialog"按钮 ⸬，打开 Output Image Options 对话框（见图 8.20）。

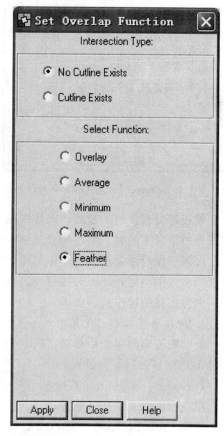

图 8.19　Set Overlap Function 对话框

113

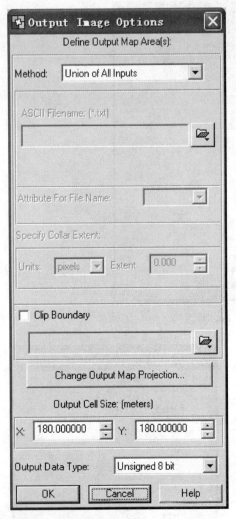

图 8.20　Output Image Options 对话框

（3）在 Output Image Options 对话框中，设置以下参数：Define Output Map Areas（定义输出地图区域）：Union of All Inputs（所有输入影像的范围）。

（4）单击"OK"按钮保存设置，并关闭 Output Image Options 对话框。

7. 运行 Mosaic 工具

（1）在 Mosaic Tool 视窗菜单条选择"Process ｜ Run Mosaic"菜单，打开 Output File Name 对话框，或在 Mosaic Tool 视窗工具条选择"Run The Mosaic Process to Disk"按钮 ⚡，打开 Output File Name 对话框。

（2）在 Output File Name 对话框中，设置以下参数：

输出文件名：wasia_mosaic.img。

输出图像区域：All。

（3）单击"OK"按钮，打开 Mosaic Modeler 进程状态条。

（4）单击"OK"按钮，关闭状态条，完成数据输入。

8.2.4.2　剪切线拼接

剪切线就是在拼接过程中，按照一定规则在两幅图的重叠区域内选择一条线作为接边线，主要是为了改善接边差异太大的问题。例如在相邻的两幅图上有河流、道路等要素，就可以画一个沿河流或者道路的剪切线，这样图像拼接后就很难发现接边的缝隙。剪切线也可以选择 ERDAS 提供的几个预定义的线形。当两幅图像的质量不同时，要尽可能选择质量好的图像，用接缝线去掉有云、噪声的图像区域，以便于保持图像色调的总体平衡，产生浑然一体的视觉效果。另外，为了去除接缝处影像不一致的问题，还要对接缝处进行羽化处理，使剪切线变得模糊并融入影像中。

图像拼接的操作流程如下。

1. 拼接准备工作，设置输入图像范围

（1）在视窗菜单条中单击"File→Open→Raster Layer"命令，打开 Select Layer To Add 对话框；进行下列设置：

Filename：airphoto - 1. img；

单击 Raster Options 标签；

不选 Clear Display，选择 Background Transparent 和 Fit to Frame。

设置完成后，单击"OK"按钮。

（2）在 Viewer 视窗菜单条选择"AOI→Tool"菜单，打开 AOI 工具对话框，单击"Create Polygon AOI"按钮，在 Viewer 中沿着 airphoto‐1. img 内轮廓绘制多边形 AOI。

（3）在 Viewer 视窗菜单条选择"File→Save→AOI Layer As"菜单，设置输出文件路径以及名称，这里为 template. aoi。

（4）重复以上步骤将 airphoto‐2. img 加载到视窗，绘制并保存 AOI 文件。

注意：由于航片四周有框标，绘制 AOI 的目的就是为了去除框标，只利用内轮廓数据用于拼接。这里也可以根据需要选择合适的范围绘制 AOI 用于拼接。

2. 启动图像拼接工具

在 ERDAS 图标面板菜单条，单击"Main→Data Preparation→Mosaic Images→Mosaic Tool"命令，打开 Mosaic Tool 对话框（见图 8.16），或者在 ERDAS 图标面板工具条，单击"Data Prep → Mosaic Images→ Mosaic Tool"命令，打开 Mosaic Tool 对话框。

3. 加载拼接图像

（1）在 Mosaic Tool 视窗菜单条选择"Edit→Add Images"菜单，打开 Add Images 对话框，或者在 Mosaic Tool 视窗工具条选择"Add Images"按钮 ，打开 Add Images 对话框。设置如下参数：

加载镶嵌图像文件：air‐photo‐1. img。

图像镶嵌区域（Template AOI）：即利用 AOI 记录的文件坐标包含的图幅范围用于拼接。

单击"Set"按钮，打开 Choose AOI 对话框（见图 8.21），加载 template. aoi 文件。

设置完成后，单击"OK"按钮，添加到 Mosaic Tool 视窗。

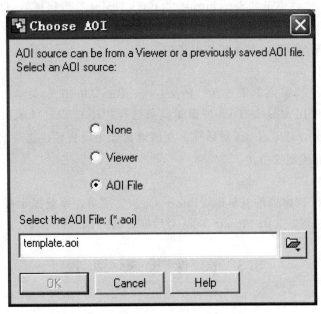

图 8.21　Choose AOI 对话框

（2）以同样的方法加入另外一幅接边融合数据 air‐photo‐2. img。

4．确定相交区域

在 Mosaic Tool 视窗工具条选择 "Set Mode For Intersection" 按钮 □，两幅影像之间将会出现叠加线；然后在 Mosaic Tool 图面对话框，单击两幅图像的相交区域，该区域将被高亮显示。

5．绘制接缝线

（1）在 Mosaic Tool 视窗工具条中单击 "Set Mode For Intersection" 按钮 □，进入图像叠加关系模式设置；选择 "Cutline Selection Viewer" 按钮 □，打开接缝线选择窗口。

（2）在 Viewer 视窗菜单条选择 "AOI → Tools" 菜单，打开 AOI 工具条，在 AOI 工具条中选择 "绘制线状 AOI" 工具 ∿，在叠加区绘制线状 AOI。

（3）在 Mosaic Tool 视窗工具条中选择 "Set AOI Cutline for Intersection" 按钮 ℧，打开 Choose Cutline Source 对话框，选择 "AOI from Viewer" 按钮和 "Apply cutlines to selected regions only" 按钮，设置图面中的接缝线以红色高亮显示。

（4）在 Mosaic Tool 视窗工具条中，选择 "Set Overlap Function" 按钮 *fx*，打开 Set Overlap Function 对话框（见图 8.19），设置接缝线处理参数，包括 Intersection Type（相交类型）、Cutline Exists（接缝线存在）、Feathering Options（羽化设置）、Feathering（羽化）。设置完成后单击 "Apply" 按钮保存设置，单击 "Close" 按钮，关闭 Set Overlap Function 对话框。

6．定义输出图像

首先在 Mosaic Tool 视窗工具条中选择 "Set Mode For Output Images" 按钮 ⬚，设置输出图像模式；然后单击 "Set Output Options Dialog" 按钮 ⊟，打开 Output Image Options 对话框（见图 8.20），设置输出图像区域、范围、像元大小等参数。设置完成后，单击 "OK" 按钮保存设置，并关闭该对话框。

7．运行 Mosaic 工具

在 Mosaic Tool 视窗菜单条选择 "Process → Run Mosaic" 菜单，打开 Output File Name 对话框，或者在 Mosaic Tool 视窗工具条选择 "Run The Mosaic Process to Disk" 按钮 ϟ，打开 Output File Name 对话框，在该对话框中设置输出文件名及其他参数，单击 "OK" 按钮，完成图像拼接。

8．退出图像拼接工具

在 Mosaic Tool 视窗菜单条单击 "File→ Close" 菜单，系统提示是否保存 Mosaic 设置，单击 "NO" 按钮，关闭 Mosaic Tool 对话框，退出 Mosaic 工具。

8.3　图像投影变换

8.3.1　基础知识

图像投影变换（Reproject Images）的目的在于将图像文件从一种地图投影转换到另一种投影类型，这种变换可以对单幅图像进行，也可以通过批处理向导对多幅图像进行。

与图像几何校正过程中的投影变换相比，这种直接的投影变换可以避免多项式近似值的拟合，对于大范围图像的地理参考是非常有意义的。

8.3.2　实训目的和要求

掌握遥感图像投影变换的基本方法和步骤，深刻理解遥感图像投影变换的意义。

8.3.3　实训内容

（1）启动投影变换。

（2）投影变换操作。

8.3.4　实训指导

1. 启动投影变换

图像投影变换功能既可以在数据预处理模块中启动，也可以在图像解译模块中启动。

（1）在数据预处理（Data Preparation）模块中启动。在 ERDAS 图标面板菜单条单击"Main→Data Preparation→Reproject Images"命令，打开 Reproject Images 对话框（见图 8.22）；或者在 ERDAS 图标面板工具条单击"Data Prep →Reproject Images"命令，打开 Reproject Images 对话框。

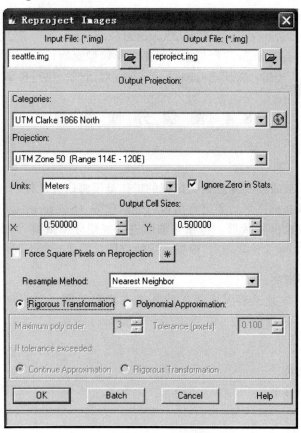

图 8.22　Reproject Images 对话框

（2）在图像解译（Image Interpreter）模块中启动。在 ERDAS 图标面板菜单条单击"Main→Image Interpreter→Utilities→Reproject"命令，打开 Reproject Images 对话框；或者在 ERDAS 图标面板工具条单击"Interpreter→Utilities→Reproject"命令，打开 Reproject Images 对话框。

2. 投影变换操作

（1）在 Reproject Images 对话框中定义以下参数，进行投影变换：

确定输入图像文件（Input File）：saettle. img。

定义输出图像文件（Output File）：reproject. img。

定义输出图像投影（Output Projection）：投影类型（Categories）选择 UTM Clark 1866 North 和投影参数（Projection）选择 UTM Zone 50（Range 114E – 120E）。

定义输出图像单位（Units）：Meter/Feet/Degrees。

确定输出统计缺省零值：Ignore Zero in Stats。

定义输出像元大小（Output Cell Sizes）：X 选择 0.5，Y 选择 0.5。

选择重采样方法（Resample Method）：Nearest Neighbor。

定义转换方法：Rigorous Transformation（严格按照投影数学模型变换）；Polynomial Approximation（应用多项式近似拟合实现变换）。如果选择 Polynomial Approximation 转换方法，还需要设置下列参数：多项式最大次方（Maximum Poly Order）：2；定义像元误差（Tolerance Pixels）：1。如果在设置的最大次方内没有达到像元误差要求，则按照下列设置执行：If Tolerance Exceeded：Continue Approximate（依然应用多项式模型转换）；Rigorous Transformation（严格按照投影数学模型变换）。

（2）单击"OK"按钮，关闭 Reproject Images 对话框，执行投影变换。

8.4　图像分幅裁剪

8.4.1　基础知识

在实际工作中，经常需要根据研究区域的工作范围将研究之外的区域去除，常用的是按照行政区划边界或自然区划边界进行图像的分幅裁剪（SubsetImage）。在基础数据生产中，还经常要进行标准分幅裁剪。包括对图像进行规则分幅裁剪（Rectangle Subset）和不规则分幅裁剪（Pdygon Subset），根据实际的应用对图像选择不同的裁剪方式。

8.4.2　实训目的和要求

通过实训操作，掌握遥感图像裁剪的基本方法和步骤，深刻理解遥感图像裁剪的意义。

8.4.3　实训内容

（1）矩形子集裁剪。

（2）多边形子集裁剪。

8.4.4　实训指导

为了满足实际工作的需要，ERDAS 系统有两种子集裁剪模式，矩形子集裁剪和多边形子集裁剪。

8.4.4.1 矩形子集裁剪

矩形子集裁剪是指裁剪图像的边界范围是一个矩形，通过左上角和右下角两点的坐标，就可以确定图像的裁剪位置，整个裁剪过程比较简单。下面以从美国加利福尼亚州圣迭戈的一景 Landsat TM 影像 dmtm.img 裁剪感兴趣的城市区域为例介绍其操作过程。

1. 启动矩形子集裁剪

有两种方式调出这一功能：

（1）在数据预处理（Data Preparation）模块中启动。在 ERDAS 图标面板菜单条单击"Main→Data Preparation→Subset Image"命令，打开 Subset 对话框（见图 8.23），或者在 ERDAS 图标面板工具条单击"Data Prep →Subset Image"命令，打开 Subset 对话框。

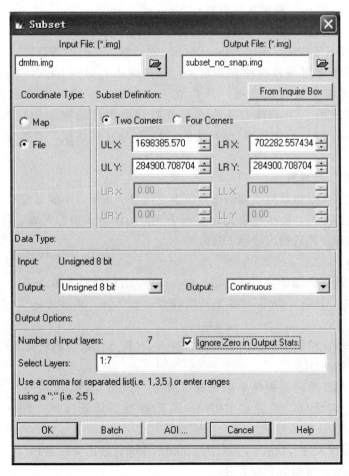

图 8.23 Subset 对话框

（2）在图像解译（Image Interpreter）模块中启动。在 ERDAS 图标面板菜单条单击"Main→Image Interpreter→Utilities→Subset"命令，打开 Subset 对话框，或者在 ERDAS 图标面板工具条单击"Interpreter →Utilities →Subset"命令，打开 Subset 对

话框。

2. 定义参数

（1）在 Subset Image 对话框中定义下列参数：

Input File（输入文件名）：dmtm. img；

Output File（输出文件名）：subset_no_snap. img；

Coodinate Type（坐标类型）：File；

Subset Definition（裁剪范围）：有 Two Corners（两角）和 Four Corners（四角）两种方式，这里选择前者，输入 ULX（左上角 X 坐标）：1698385.570、ULY（左上角 Y 坐标）：288632.691217 和 LRX（右下角 X 坐标）：1702282.557434、LRY（右下角 Y 坐标）：284900.708704；

Output Data Type（输出数据类型）：Unsigned 8 bit；

Output Layer Type（输出文件类型）：Continuous；

Output Option（输出波段）：1：7（表示从 1 到 7 波段）。

（2）单击 "OK" 按钮，关闭 Subset Image 对话框，执行图像裁剪。

裁剪范围还可通过另外两种方式定义：一是应用查询框 Inquire Box，首先打开被裁剪图像，在视窗中放置查询框，然后在 Subset Image 对话框中选择 From Inquire Box 功能；二是应用 AOI 功能，首先在打开被裁剪图像的视窗中绘画矩形 AOI，然后在 Subset Image 对话框中选择 AOI 功能，打开 AOI 对话框，并确定 AOI 区域来自图像视窗即可。

8.4.4.2　多边形子集裁剪

不规则分幅裁剪是指裁剪图像的边界范围是任意多边形，不能通过左上角和右下角两点的坐标确定裁剪范围，而必须事先设置一个完整的闭合多边形区域，可以利用 AOI 工具创建裁剪多边形，然后利用分幅工具分割。

实现步骤如下：

（1）打开要裁剪的图像 dmtm. img，在 Viewer 图标面板菜单条选择 "AOI→Tools" 菜单，打开 AOI 工具条。应用 AOI 工具绘制多边形 AOI，将多边形 AOI 保存在 dmtm_aoi. img 文件中。

注意：如果一次绘制多个 AOI，需要按住 Shift 键选择绘制的所有 AOI，否则默认选择最后一次绘制的 AOI。

（2）在 ERDAS 图标面板菜单条选择 "Main→Data Preparation→Subset Image" 命令，打开 Subset 对话框，或者在 ERDAS 图标面板工具条选择 "Data Prep → Subset Image"，打开 Subset 对话框。

1）择处理图像文件（Input File）为：dmtm. img；输出文件名称（Output File）为：dmtm_sub_aoi. img，并设置存储路径。

2）通过 AOI 设置裁剪范围。单击 AOI，打开 Choose AOI 对话框（见图 8.24）。选择 AOI 来源为 Viewer（或者为 AOI File）。如果是 Viewer，要注意如果需要多个 AOI，需要在 Viewer 中按住 Shift 键选中所需要的 AOI；如果是 AOI File，则进一步选择保存文件名为 dmtm_aoi 的 aoi 格式文件。

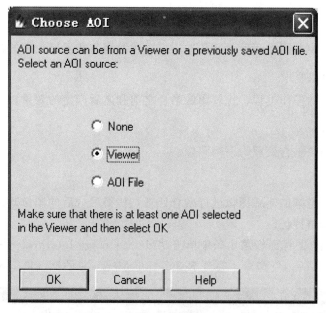

图 8.24 Choose AOI 对话框

3) 输出数据类型（Data Type）为：Unsigned 8 bit，Continuous。

4) 输出统计忽略零值，选中 Ignore Zero in Output Stats 复选框。

5) 设置输出波段（Select Layer），这里选 1：7（表示从 1 到 7 波段）。

（3）单击"OK"按钮，关闭 Subset 对话框，执行图像裁剪。

8.5 图 像 融 合

8.5.1 基础知识

分辨率融合（Resolution Merge）是遥感信息复合的一个主要方法，它使得融合后的遥感图像既具有较好的空间分辨率，又具有多光谱特征，从而达到增强图像质量的目的。

我们知道，TM 传感器有 7 个波段，空间分辨率为 28.5m，而 Spot 全色波段具有较高的空间分辨率——10m，将两种影像结合起来，产生 7 个具有 10m 分辨率的波段数据，这就综合了两种传感器各自的优点。

Welch 和 Ehlers（1987）使用正-反 RGB-HIS 变换，将 TM 转换成 HIS，然后用 Spot 全色波段替代 I，生成新的 HIS，再转回 RGB，这项技术仅限于 3 个波段（RGB）（孟塞尔变换，H——Hue 色调，I——Intensity 亮度或强度，S——Saturation 饱和度）。

Chavez（1991）利用正反主成分变换，对 TM 进行主成分分析，然后用 Spot 的全色波段替代 PC-1，再做逆主成分变换。

这两项技术中，都假定强度组分（PC-1 或 I）在光谱上相当于 Spot 的全色影像，而所有的光谱信息则包含在其他主成分或 H、S 中。由于 Spot 数据并未覆盖 TM 数据的全部光谱范围，这一假定从严格的意义上讲并不成立。根据可见光影像（Spot 全色影像）

对热红外波段（TM6）重采样是不可接受的。

数据融合技术可应用于具有不同空间分辨率和光谱分辨率的两种遥感数据，也可以应用于同一类型而时相不同的两种遥感数据，或遥感数据与非遥感数据的结合。

8.5.2 实训目的和要求

掌握图像融合的操作过程，比较图像融合之前和之后产生的效果。

8.5.3 实训内容

对两幅遥感图像融合处理为一幅图像。

8.5.4 实训指导

对不同空间分辨率的遥感图像进行融合处理，使得融合后的图像既具有较高的空间分辨率，又具有多光谱特征。

（1）在 ERDAS 图标面板菜单条中单击"Main→Image Interpreter→Spatial Enhancement→Resolution Merge"命令，打开 Resolution Merge 对话框（见图 8.25）。

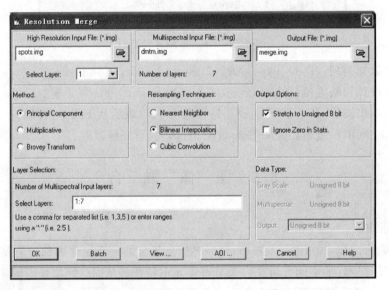

图 8.25 Resolution Merge 对话框

（2）在 Resolution Merge 对话框中设置下列参数：

高分辨率输入文件：spots. img；

多光谱输入文件：dmtm. img；

输出文件：merge. img；

融合方法：主成分变换 Principal Component（系统提供的另外两种方法是乘法 Multiplicative 和 Brovey Transform 变换法）；

重采样方法：双线性内插（Bilinear Interpolation）；

输出波段选择：1：7。

（3）单击"OK"按钮，关闭 Resolution Merge 对话框，执行分辨率融合处理。

第9章 图 像 增 强

9.1 辐 射 增 强

9.1.1 基础知识

辐射增强（Radiometric Enhancement）处理影像中单个像元值，通过改变图像像元的亮度值来改善图像质量或突出某些灰阶像元。对一个波段所作的辐射增强处理可能并不适合于其他波段，因此，对多波段影像进行辐射增强时可以将它们按一系列独立的单波段影像考虑。一般而言，辐射增强不会使每一个像元的对比度都增强，有些像元的对比度会增强，而其他的则会减弱。

1. 查找表拉伸（LUT Stretch）

查找表拉伸（LUT Stretch）是遥感图像对比度拉伸的总和，是通过修改图像查找表（Look up Table）使输出图像值发生变化。根据对查找表的定义，可以实现线性拉伸、分段线性拉伸和非线性拉伸等处理。

2. 直方图均衡化（Histogram Equalization）

直方图均衡化是一种非线性拉伸，通过将某一范围内的像元值进行重新分配，使每个灰度值的像元数接近一致，这样一来，直方图峰值部分的像元对比度将增加，而两侧像元对比度将减小，如图9.1所示。

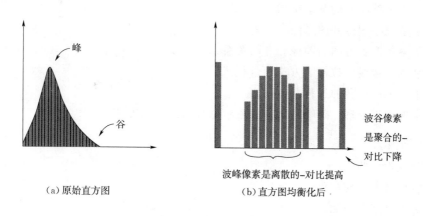

（a）原始直方图　　　　　　　　（b）直方图均衡化后

图9.1　直方图均衡化

直方图均衡化所产生的辐射增强的效果是使原影像直方图中的峰值部分对比度增大，而"尾部"像元对比度减小，这常常使输入影像中最暗和最亮的部分丢失。

3．直方图匹配（Histogram Match）

对图像查找表进行数学变换，使一幅图像的直方图与另一幅图像类似。直方图匹配经常作为相邻图像拼接或应用多时相遥感图像进行动态变化研究的预处理工具，通过直方图匹配可以部分消除由于太阳高度角或大气影响造成的相邻图像的效果差异。

4．亮度反转（Brightness Inverse）

对图像亮度范围进行线性或非线性取反，产生一幅与输入图像亮度相反的图像。包含两个反转算法：其一是条件反转 Inverse，强调输入图像中亮度较暗的部分；其二是简单反转 Reverse，简单取反。

5．雾霾去除处理（Haze Reduction）

降低多波段图像（Landsat TM）或全色图像的模糊度，对于 Landsat TM 图像，该方法实质上是基于缨帽变换法，首先对图像作主成分变换，找出与模糊度相关的成分并剔除，然后再进行主成分逆变换回到 RGB 彩色空间。对于全色图像，该方法采用点扩展卷积反转（Inverse Point Spread Convolution）进行处理，并根据情况选择 3×3 或 5×5 的卷积分别用于高频模糊度或低频模糊度的去除。

6．降噪处理（Noise Reduction）

利用自适应滤波方法去除图像中的噪声，该方法沿着边缘或平坦区域去除噪声的同时，可以很好地保持图像中一些微小的细节。

7．去条带处理（Destripe TM Data）

针对 Landsat TM 图像的扫描特点对其原始数据进行三次卷积处理，以达到去除扫描条带之目的。操作中边缘处理方法需要选定：反射（Reflection）是应用图像边缘灰度值的镜面反射值作为图像边缘以外的像元值，这样可以避免出现晕轮（Halo）；而填充（Fill）则是统一将图像边缘以外的像元以 0 值填充，呈黑色背景。

9.1.2　实训目的和要求

（1）认识遥感图像的基本结构。

（2）了解数字图像和图像的灰度直方图。

（3）了解灰度直方图与图像亮度的关系。

（4）掌握图像线性拉伸的方法和过程。

（5）了解亮度反转的过程和方法。

（6）掌握去霾处理、降噪处理、去条带处理的意义和方法。

9.1.3　实训内容

（1）查找表拉伸。

（2）实现直方图均衡化。

（3）实现直方图匹配。

（4）对遥感影像进行亮度反转。

（5）对遥感影像进行雾霾去除处理。

（6）对遥感影像进行降噪处理。

（7）对遥感影像进行去条带处理。

124

9.1.4 实训指导

9.1.4.1 查找表拉伸

ERDAS 中的查找表拉伸功能是由空间模型（LUT_stretch.gmd）支持运行的，用户可以根据自己的需要随时修改查找表（在 LUT Stretch 对话框中单击"View"按钮进入模型生成器窗口，双击查找表进入编辑状态），实现遥感图像的查找表拉伸。

具体操作过程如下：

（1）在 ERDAS 图标面板菜单条中单击"Main→Image Interpreter→Radiometric Enhancement→LUT Stretch"菜单项，打开 LUT Stretch 对话框（见图 9.2）。

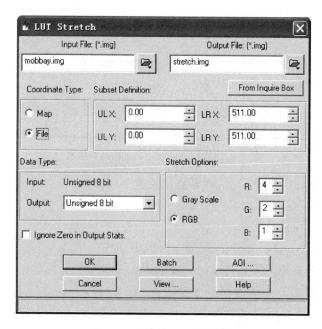

图 9.2　LUT Stretch 对话框

（2）在 LUT Stretch 对话框中，需要设置下列参数：

确定输入文件（Input File）：mobbay.img。

定义输出文件（Output File）：stretch.img。

文件坐标类型（Coordinate Type）：File。

处理范围确定（Subset Definition），在 ULX/Y、LRX/Y 微调框中输入需要的数值（默认状态为整个图像范围，可以应用 Inquire Box 定义子区）。

输出数据类型（Output Data Type）为 Unsigned 8 bit。

确定拉伸选择（Stretch Options）为 RGB（多波段图像、红绿蓝）或 Gray Scale（单波段图像）。

（3）单击"View"按钮，打开模型生成器窗口，浏览 Stretch 功能的空间模型，双击"Custom Table"按钮，进入查找表编辑状态，根据需要修改查找表。

（4）单击"OK"按钮，关闭 LUT Stretch 对话框，执行查找表拉伸处理。

9.1.4.2 直方图均衡化

(1) 在 ERDAS 图标面板菜单条中单击"Main→ImageInterpreter→Radiometric Enhancement→Histogram Equalization"菜单项，打开 Histogram Equalization 对话框（见图 9.3）。

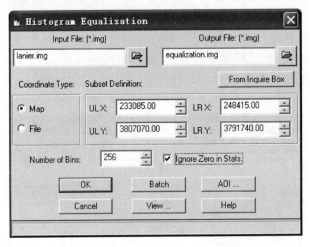

图 9.3　Histogram Equalization 对话框

(2) 在 Histogram Equalization 对话框中设置下列参数：

输入文件：Lanier. img。

输出文件：Equalization. img。

输出数据分段：Number of Bin：256（可以小一些）。

(3) 单击"OK"按钮，关闭 Histogram Equalization 对话框，执行直方图均衡化处理。

9.1.4.3 直方图匹配

(1) 在 ERDAS 图标面板菜单条中单击"Main→Image Interpreter→Radiometric Enhancement→ Histogram Match"菜单项，打开 Histogram Matching 对话框（见图 9.4）。

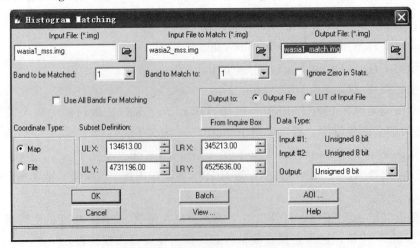

图 9.4　Histogram Matching 对话框

（2）在 Histogram Matching 对话框中设置下列参数：

输入匹配文件：wasia1_mss. img。

匹配参考文件：wasia2_mss. img。

匹配输出文件：wasia1_match. img。

匹配波段：1。

参考波段：1。

（3）单击"OK"按钮，关闭 Histogram Matching 对话框，执行直方图匹配处理。

9.1.4.4 亮度反转

以中国新疆罗布泊湖底的影像为例。

（1）在 ERDAS 图标面板菜单条中单击"Main→Image Interpreter→Radiometric Enhancement→Brightness Inversion"菜单项，打开 Brightness Inversion 对话框（见图 9.5）。

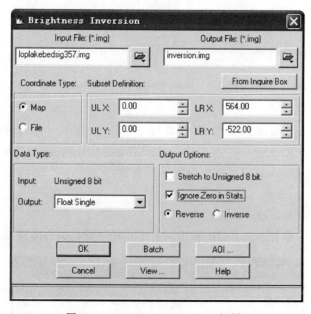

图 9.5　Brightness Inversion 对话框

（2）在 Brightness Inversion 对话框中设置下列参数：

输入文件：loplakebedsig357. img。

输出文件：inverse. img。

输出变换选择：Inverse。

（3）单击"OK"按钮，关闭 Brightness Inversion 对话框，执行亮度反转处理。

9.1.4.5 雾霾去除处理

（1）在 ERDAS 图标面板菜单条中单击"Main→Image Interpreter→Radiometric Enhancement→Haze Reduction"菜单项，打开 Haze Reduction 对话框（见图 9.6）。

（2）在 Haze Reduction 对话框中设置下列参数：

输入文件：klon_tm. img。

输出文件：haze. img。

处理方法选择：Landsat 5 TM 图像（或 Landsat 4 TM）。

（3）单击"OK"按钮，关闭 Haze Reduction 对话框中，执行雾霾去除处理。

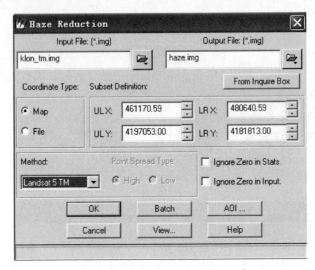

图 9.6　Haze Reduction 对话框

9.1.4.6　降噪处理

（1）在 ERDAS 图标面板菜单条中单击"Main→Image Interpreter→Radiometric Enhancement→Noise Reduction"菜单项，打开 Noise Reduction 对话框（见图 9.7）。

（2）在 Noise Reduction 对话框中设置下列参数：

输入文件：dmtm. img。

输出文件：noise_reduction. img。

（3）单击"OK"按钮，关闭 Noise Reduction 对话框，执行降噪处理。

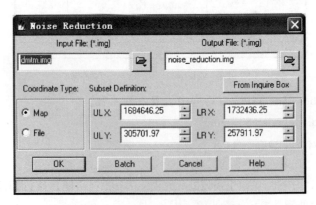

图 9.7　Noise Reduction 对话框

9.1.4.7　去条带处理

（1）在 ERDAS 图标面板菜单条中单击"Main→Image Interpreter→Radiometric Enhancement→Destripe TM Data"菜单项，打开 Destripe TM 对话框（见图 9.8）。

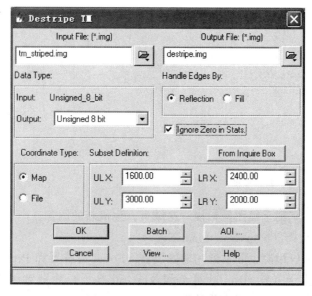

图 9.8 Destripe TM 对话框

（2）在 Destripe TM 对话框中设置下列参数：

输入文件：tm_striped. img。

输出文件：destripe. img。

边缘处理方法：Reflection。

（3）单击"OK"按钮，关闭 Destripe TM 对话框，执行去条带处理。

9.2 空 间 域 增 强

9.2.1 基础知识

辐射增强是基于每一独立像素的操作，而空间增强（Spatial Enhancement）则是基于周边像元值而作的像元值的修改。

1. 卷积滤波（Convolution Filtering）

卷积滤波是利用卷积子（Convolution Kernel）对影像按子区像素集作平均计算的过程，该算法用于改变影像的空间频率特征（见图 9.9）。

卷积子（又称数值模板）是一个数值矩阵，这些数值也称为系数，提供相应的权重，对所计算像素及其周边像素的值进行加权平均计算。

对图 9.9 中第二行第二列进行卷积运算，算式如下：

$$Int[(-1\times8)+(-1\times6)+(-1\times6)+(-1\times2)+(16\times8)+(-1\times6)+(-1\times2)+$$
$$(-1\times2)+(-1\times8)]/[(-1)+(-1)+(-1)+(-1)+16+(-1)+(-1)+(-1)+(-1)]$$
$$=int[(128-40)/(16-8)]$$
$$=int(88/8)=11$$

经过卷积运算，其中 2×2 窗口像元的输出值如下（见图 9.10）。

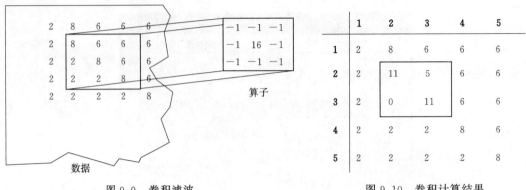

图 9.9　卷积滤波　　　　　　　　　　　　　　图 9.10　卷积计算结果

依次逐行扫描，直到全幅图像扫描一遍结束，生成新的图像。

2. 非定向边缘增强（Non-directional Edge）

非定向边缘增强应用两个非常通用的滤波器（Sobel 滤波器和 Prewitt 滤波器），首先通过两个正交卷积算子（Horizontal 算子和 Vertical 算子）分别对遥感图像进行边缘检测，然后将两个正交结果进行平均化处理。

与 Sobel 滤波器对应的两个正交卷积算子分别是：

$$\text{水平算子}\begin{vmatrix} -1 & -2 & -1 \\ 0 & 0 & 0 \\ 1 & 2 & 1 \end{vmatrix} \text{和垂直算子} \begin{vmatrix} 1 & 0 & -1 \\ 2 & 0 & -2 \\ 1 & 0 & -1 \end{vmatrix}$$

与 Prewitt 滤波器对应的两个正交卷积算子分别是：

$$\text{水平算子}\begin{vmatrix} -1 & -1 & -1 \\ 0 & 0 & 0 \\ 1 & 1 & 1 \end{vmatrix} \text{和垂直算子} \begin{vmatrix} 1 & 0 & -1 \\ 1 & 0 & -1 \\ 1 & 0 & -1 \end{vmatrix}$$

3. 聚焦分析（Focal Analysis）

聚焦分析使用类似卷积滤波的方法对图像数值进行多种分析，其基本方法是在所选择的窗口范围内，根据所定义的函数，应用窗口范围内的像元数值计算窗口中心像元的值，从而达到图像增强的目的。操作过程比较简单，关键是聚焦窗口的选择（Focal Definition）和聚焦函数的定义（Function Definition）。

4. 纹理分析（Texture Analysis）

纹理分析通过在一定的窗口内进行二次变异分析（Second-Order Variance）或三次非对称分析（Third-Order Skewness），使雷达图像或其他图像的纹理结构得到增强。操作过程比较简单，关键是窗口大小（Window Size）的确定和操作函数（Operator）。

5. 自适应滤波（Adaptive Filter）

自适应滤波是应用 Wallis Adapter Filter 方法对图像的感兴趣区域（AOI）进行对比度拉伸处理，从而达到图像增强的目的。操作过程比较简单，关键是移动窗口大小（Moving Window Size）和乘积倍数大小（Multiplier）的定义，移动窗口大小可以任意选择，如 3×3、5×5、7×7 等，请注意通常确定为奇数；而乘积倍数大小（Multiplier）是为了扩大图像反差或对比度，可以根据需要确定，系统默认值为 2.0。

6. 锐化增强 (Crisp)

锐化增强处理实质上是通过对图像进行卷积滤波处理，使整景图像的亮度得到增强而不使其专题内容发生变化，从而达到图像增强的目的。根据其底层的处理过程，又可以分为两种方法：其一是根据用户定义的矩阵 (Custom Matrix) 直接对图像进行卷积处理 (空间模型为 Crisp-greyscale.gmd)；其二是首先对图像进行主成分变换，并对第一主成分进行卷积滤波，然后再进行主成分逆变换 (空间模型为 Crip-Minmax.gmd)。

9.2.2 实训目的和要求

(1) 掌握卷积核的概念和编辑卷积核。

(2) 掌握均值平滑和中值平滑的操作过程，比较平滑滤波后对图像产生的效果。

(3) 掌握边缘增强、聚焦分析和锐化增强的操作过程，比较增强处理后对图像产生的效果。

(4) 掌握边缘检测和纹理分析，比较检测处理后对图像产生的效果。

(5) 掌握自适应滤波和锐化增强的意义和方法。

9.2.3 实训内容

(1) 对遥感影像进行卷积增强处理。

(2) 实现遥感影像的非定向边缘增强处理。

(3) 对遥感影像进行聚焦分析。

(4) 对遥感影像进行纹理分析。

(5) 对遥感影像进行自适应滤波处理。

(6) 实现遥感影像的锐化增强处理。

9.2.4 实训指导

9.2.4.1 卷积增强处理

卷积增强 (Convolution) 是将整个图像按照像元分块进行平均处理，用于改变图像的空间频率特征。卷积增强处理的关键是卷积算子——系数矩阵的选择，该系数矩阵又称为卷积核 (Kernel)。ERDAS IMAGINE 将常用的卷积算子放在一个名为 default.klb 的文件中，分为 3×3、5×5 和 7×7 三组，每组又包括 Edge Detect、Edge Enhance、Low Pass、High Pass、Horizontal 和 Vertical/Summary 等多种不同的处理方式。

(1) 在 ERDAS 图标面板菜单条中单击 "Main→Image Interpreter→Spatial Enhancement→ Convolution" 菜单项，打开 Convolution 对话框 (见图 9.11)。

(2) 在 Convolution 对话框中，需要设置下列参数：

确定输入文件 (Input File) 为 lanier.img。

定义输出文件 (Output File) 为 convolution.img。

选择卷积算子 (Kernel Selection)。

卷积算子文件 (Kernel Library) 为 default.klb。

卷积算子类型 (Kernel) 为 5×5 Edge Detect。

边缘处理方法 (Handle Edges By) 为 Reflection。

卷积归一化处理，选中 Normalize the Kernel 复选框。

文件坐标类型 (Coordinate Type) 为 Map。

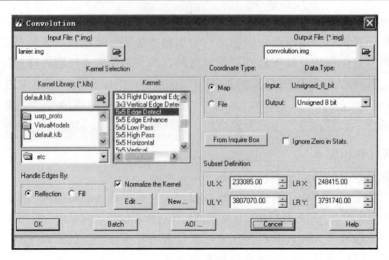

图 9.11　Convolution 对话框

输出数据类型（Output Data Type）为 Unsigned 8 bit。

（3）单击"OK"按钮，关闭 Convolution 对话框，执行卷积增强处理。

卷积增强处理的关键是卷积核的选择与定义，下面说明两点：

（1）系统所提供的卷积核不仅包含了 3×3、5×5、7×7 等不同大小的矩阵，而且预制了不同的系数以便应用于不同目的图像处理，诸如用于边缘检测（Edge Detect）、边缘增强（Edge Enhance）、低通滤波（Low Pass）、高通滤波（High Pass）、水平增强（Horizontal）、垂直增强（Vertical）、水平边缘检测（Horizontal Edge Detection）、垂直边缘检测（Vertical Edge Detection）和交叉边缘检测（Cross Edge Detection）等。

（2）如果系统所提供的卷积核不能满足图像处理需要，可以随时编辑修改或重新建立卷积核。过程非常简单，只要在如图 9.11 所示的 Convolution 对话框中单击"Edit"或"New"按钮，就可以随时进入卷积核编辑或建立状态。图 9.12 就是在选择 7×7 Edge

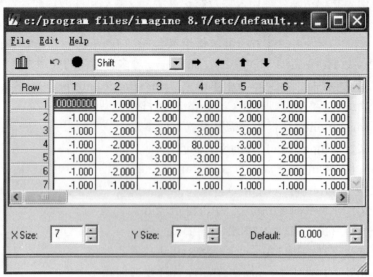

图 9.12　卷积核编辑窗口

Detect 卷积核的基础上，单击"Edit"按钮打开的卷积核编辑窗口，借助该窗口可以任意定义所需要的卷积核。

9.2.4.2　非定向边缘增强

（1）在 ERDAS 图标面板菜单条中单击"Main→Image Interpreter→Spatial Enhancement→Non-directional Edge"菜单项，打开 Non-directional Edge 对话框（见图 9.13）。

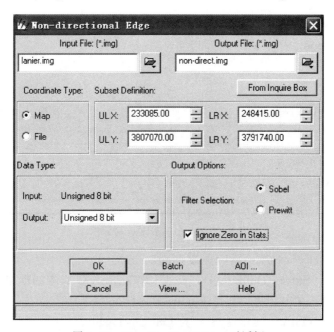

图 9.13　Non-directional Edge 对话框

（2）在 Non-directional Edge 对话框中，需要设置下列参数：

确定输入文件（Input File）为 lanier. img。

定义输出文件（Output File）为 non-direct. img。

文件坐标类型（Coordinate Type）为 Map。

处理范围确定（Subset Definition），在 ULX/Y、LRX/Y 微调框中输入需要的数值（默认状态为整个图像范围，可以应用 Inquire Box 定义窗口）。

输出数据类型（Output Data Type）为 Unsigned 8 bit。

选择滤波器（Filter Selection），选择 Sobel 单选按钮。

输出数据统计时忽略零值，选中 Ignore Zero in Stats 复选框。

（3）单击"OK"按钮，关闭 Non-directional Edge 对话框，执行非定向边缘增强。

9.2.4.3　聚焦分析

（1）在 ERDAS 图标面板菜单条中单击"Main→Image Interpreter→Spatial Enhancement→Focal Analysis"菜单项，打开 Focal Analysis 对话框（见图 9.14）。

（2）在 Focal Analysis 对话框中，需要设置下列参数：

确定输入文件（Input File）为 lanier. img。

定义输出文件（Output File）为 focal. img。

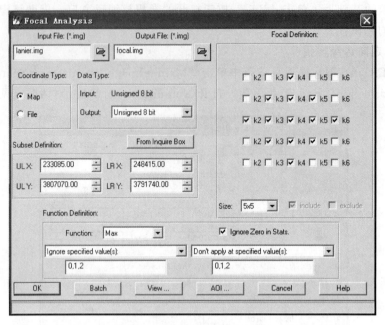

图 9.14 Focal Analysis 对话框

文件坐标类型（Coordinate Type）为 Map。

处理范围确定（Subset Definition），在 ULX/Y、LRX/Y 微调框中输入需要的数值（默认状态为整个图像范围，可以应用 Inquire Box 定义窗口）。

输出数据类型（Output Data Type）为 Unsigned 8 bit。

选择聚焦窗口（Focal Analysis），包括窗口大小和形状。

窗口大小（Size）为 5×5（3×3、7×7）。

窗口默认形状为矩形，可以调整为各种形状（如菱形）。

聚焦函数定义（Function Definition），包括算法和应用范围。

算法（Function）为 Max（ Min/Sum/Mean/SD/Median）。

应用范围包括输入图像中参与聚焦运算的数值范围（3 种选择）和输入图像中应用聚焦运算函数的数值范围（3 种选择）。

输出数据统计时忽略零值，选中 Ignore Zero in Stats 复选框。

（3）单击“OK”按钮，关闭 Focal Analysis 对话框，执行聚焦分析。

说明：聚焦窗口大小依据系统所提供的 3 种选择任意确定一种（5×5、3×3 或 7×7）；聚焦窗口形状可以通过调整对话框中提示的窗口组成要素来确定，其中被选择的要素以√标记，将参与聚焦运算，而未选择的要素保持空白，不参与运算。聚焦函数定义包括算法和应用范围两个方面，系统提供的算法包括总和（Sum）、均值（Mean）、标准差（SD）、中值（Median）、最大值（Max）和最小值（Min）。而对于聚焦算法的应用范围，则需要分别对输入文件和输出文件进行选择定义，系统所提供的 3 种范围选择及其意义如下所列。

输入图像参与聚焦运算范围：

Use all values in computation：输入图像中的所有数值都参与聚焦运算；

Ignore specified values（s）：所确定的像元数值将不参与聚焦运算；

Use only specified values（s）：只有所确定的像元数值参与聚焦运算。

输入图像应用聚焦函数范围：

Apply function at all values：输入图像中的所有数值都应用聚焦函数；

Don't apply at specified values（s）：所确定的像元数值将不应用聚焦函数；

Apply only at specified values（s）：只有所确定的像元数值应用聚焦函数。

9.2.4.4 纹理分析

（1）在 ERDAS 图标面板菜单条中单击"Main → Image Interpreter → Spatial Enhancement→Texture Analysis"菜单项，打开 Texture 对话框（见图 9.15）。

（2）在 Texture Analysis 对话框中设置下列参数：

输入文件（Input File）：flevolandradar. img。

输出文件（Output File）：texture. img。

操作函数定义（Operators）：Skewness。

窗口大小（Window Size）：5×5。

（3）单击"OK"按钮，关闭 Texture 对话框，执行纹理分析处理。

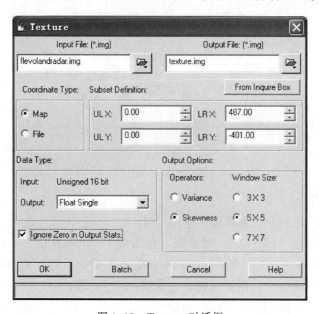

图 9.15　Texture 对话框

9.2.4.5 自适应滤波

（1）在 ERDAS 图标面板菜单条中单击"Main → Image Interpreter → Spatial Enhancement→ Adaptive Filter"菜单项，打开 Wallis Adaptive Filter 对话框（见图 9.16）。

（2）在 Wallis Adaptive Filter 对话框中设置下列参数：

输入文件（Input File）：Lanier. img。

输出文件 (Output File)：adaptive. img。

数据类型 (Date Type)：Stretch to Unsigned 8 bit。

窗口大小 (Window Size)：3。

乘积倍数 (Options Multiplier)：2.00。

输出文件选择：逐个波段滤波 Bandwise （选 PC 仅对主成分变换后的第一主成分滤波）。

（3）单击"OK"菜单项，关闭 Wallis Adaptive Filter 对话框，执行自适应滤波处理。

图 9.16　Wallis Adaptive Filter 对话框

9.2.4.6　锐化增强

（1）在 ERDAS 图标面板菜单条中单击"Main→Image Interpreter→Spatial Enhancement→Crisp"菜单项，打开 Crisp 对话框（见图 9.17），或者在 ERDAS 图标面板工具条，单击"Interpreter→Spatial Enhancement→Crisp"命令，打开 Crisp 对话框。

（2）在 Crisp 对话框中，需要设置下列参数：

确定输入文件 (Input File) 为 panatlanta. img。

定义输出文件 (Output File) 为 crisp. img。

文件坐标类型 (Coordinate Type) 为 Map。

处理范围确定 (Subset Definition)，在 ULX/Y、LRX/Y 微调框中输入需要的数值（默认状态为整个图像范围，可以应用 Inquire Box 定义窗口）。

输出数据类型 (Output Data Type) 为 Unsigned 8 bit。

输出数据统计时忽略零值，选中 Ignore Zero in Stats 复选框。

单击"View"按钮打开模型生成器窗口，浏览 Crisp 功能的空间模型。

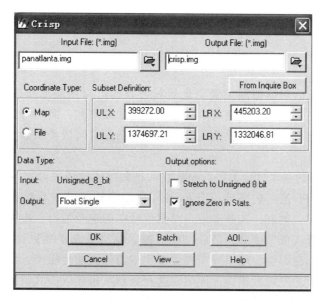

图 9.17　Crisp 对话框

单击 "File→ Close All" 命令，退出模型生成器窗口。

（3）单击 "OK" 按钮，关闭 Crisp 对话框，执行锐化增强处理。

说明：在前文图中对话框中大多含有 "Batch" "View" "AOI" 等按钮，为了让初学者简单明了，前文并没有对此进行说明，这里统一说明：

"Batch"：按钮：单击 "Batch" 按钮调用 ERDAS 的批处理向导（见图 9.18），进入批处理状态。

"View" 按钮：单击 "View" 按钮打开模型生成器窗口，浏览空间模型。

"AOI" 按钮：单击 "AOI" 按钮打开 Choose AOI 对话框（见图 9.19），通过 AOI 文件或窗口中的 AOI 要素确定感兴趣区域，使系统只对 AOI 区域进行处理。

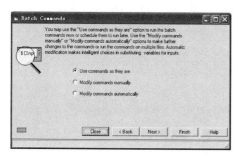

图 9.18　Batch Commands 窗口

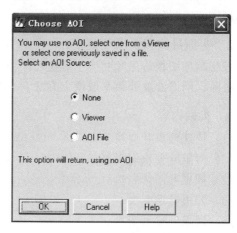

图 9.19　Choose AOI 对话框

9.3 频 率 域 增 强

9.3.1 基础知识

在图像中，像元的灰度值随位置变化的频繁程度可以用频率来表示。对于边缘、线条、噪声等特征，在较短的像元距离内灰度值变化的频率大；而均匀分布的地物或大面积稳定结构具有较低的变化频率。因此，空间增强复杂的空间域卷积运算可以用频率域中简单的乘法快速实现。

频率域增强方法的基本过程为：首先将空间域图像通过傅里叶变换（Fourier Analysis）将遥感图像从空间域变换到频率域，把 RGB 彩色图像转换成一系列不同频率的二维正弦或余弦波傅里叶图像；然后，在频率域内对傅里叶图像进行编辑、掩模等各种编辑，减少或消除部分高频成分或低频成分；最后，再把频率域的图像变换到 RGB 彩色空间域，得到经过增强处理的彩色图像。傅里叶变换主要用于消除周期性噪声。此外，还可用于消除由于传感器异常引起的规则性错误；同时，这种处理技术还以模式识别的形式用于多波段图像处理。

根据处理效果，将所采用的滤波器分为低通滤波（Low Pass Convolution）和高通滤波（High Pass Convolution）两类。低通滤波：又称为平滑运算，通过对像元值做简单的平均运算，使各像元同质性更强，空间频率更低，从而过滤掉高频的亮点（"噪声"），结果影像看起来不是更加光滑就是更加模糊。高通滤波：又称为锐化运算，利用高频（高通）卷积子（High-pass kernel）对像元值作卷积运算，使原影像中高频区域（或边界）频率变得更高，低频区域频率变得更低，从而增加影像的空间频率。增强后的影像通常区域特征减弱，边界特征增强。常用的低通滤波器有理想低通滤波器、Butterworth 低通滤波器、指数低通滤波器、梯形低通滤波器；相应的高通滤波器有理想高通滤波器、Butterworth 高通滤波器、指数高通滤波器、梯形高通滤波器。

同态滤波（Homomorphic Filter）是指在频率域中同时对图像亮度范围进行压缩和对对比度进行增强的方法。

9.3.2 实训目的和要求

理解掌握图像傅里叶变换、傅里叶图像编辑、傅里叶逆变换、傅里叶显示变换、周期噪声去除、同态滤波等频率域增强方法。

9.3.3 实训内容

（1）快速傅里叶变换。

（2）傅里叶变换编辑器。

（3）傅里叶图像编辑。

（4）傅里叶逆变换。

（5）傅里叶显示变换。

（6）周期噪声去除。

（7）同态滤波。

9.3.4 实训指导

9.3.4.1 快速傅里叶变换

快速傅里叶变换功能的第一步，就是把输入的空间域彩色图像转换成频率域傅里叶图像（*.fft），这项工作就是由快速傅里叶变换完成的，具体步骤如下：

（1）在 ERDAS 图标面板菜单条，单击"Main→Image Interpreter→Fourier Analysis →Fourier Transform"命令，打开 Fourier Transform 对话框（见图 9.20），或者在 ERDAS 图标面板工具条，单击"Interpreter→Fourier Analysis→Fourier Transform"命令，打开 Fourier Transform 对话框。

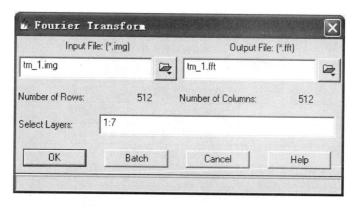

图 9.20 Fourier Transform 对话框

（2）在 Fourier Transform 对话框中，需要设置下列参数：

确定输入图像（Input File）：tm_1.img。

定义输出图像（Output File）：tm_1.fft。

波段变换选择（Select Layers）：1：7。

（3）单击"OK"按钮，关闭 Fourier Transform 对话框，执行快速傅里叶变换。

9.3.4.2 傅里叶变换编辑器

傅里叶变换编辑器集成了傅里叶图像编辑的全部命令与工具，通过对傅里叶图像的编辑，可以减少或消除遥感图像条带噪声和其他周期性的图像异常。

1. 启动傅里叶变换编辑器（Start Fourier Transform Editor）

在 ERDAS 图标面板菜单条，单击"Main→ Image Interpreter → Fourier Analysis → Fourier Transform Editor"命令，打开 Fourier Editor 对话框（见图 9.21），或者在 ERDAS 图标面板工具条，单击"Interpreter→ Fourier Analysis → Fourier

图 9.21 Fourier Editor 对话框

Transform Editor"命令，打开 Fourier Editor 对话框。

2. 傅里叶变换编辑器功能（Function of Fourier Transform Editor）

傅里叶编辑器对话框由菜单条、工具条、图像窗口和状态条组成，菜单条中的命令及其功能见表 9.1、表 9.2。

表 9.1　　　　　　　　　　　　傅里叶变换编辑器菜单命令及其功能

命　令	功　能
File：	文件操作：
New	打开一个新的傅里叶变换编辑器
Open	打开傅里叶图像
Revert	恢复所有的傅里叶图像编辑
Save	保存编辑后的傅里叶图像
Save All	保存所有编辑过的傅里叶图像
Inverse Transform	执行傅里叶逆变换
Clear	消除傅里叶编辑器对话框中的图像
Close	关闭当前傅里叶变换编辑器
Close All	关闭所有傅里叶变换编辑器
Edit：	编辑操作：
Undo	恢复前一次傅里叶图像编辑
Filter Options	设置基于鼠标的图像编辑滤波
Mask：	掩模操作：
Filters	滤波操作（高通滤波/低通滤波）
Circular Mask	圆形掩模（以图像中心为对称）
Rectangular Mask	矩形掩模（以图像中心为对称）
Wedge Mask	楔形掩模（以图像中心为对称）

表 9.2　　　　　　　　　　　　傅里叶变换编辑器工具图标及其功能

图标	命令	功能
	Open FFT Layer	打开傅里叶图像
	Create	打开新的傅里叶编辑器
	Save FFT Layer	保存傅里叶图像
	Clear	消除傅里叶图像
	Select	选择傅里叶工具、查询图像坐标
	Low-Pass Filter	低通滤波
	High-Pass Filter	高通滤波

续表

图标	命令	功能
	Circular Mask	圆形掩模
	Rectangular Mask	矩形掩模
	Wedge Mask	楔形掩模
	Inverse Transform	傅里叶逆变换

9.3.4.3　傅里叶图像编辑

傅里叶图像编辑是借助傅里叶变换编辑器所集成的众多功能完成的。要编辑傅里叶图像，首先必须打开傅里叶图像，主要的编辑操作包括低通滤波、高通滤波、圆形掩模、矩形掩模、楔形掩模等常用的傅里叶图像编辑，以及多种编辑方法的组合。各种编辑方法并不复杂，关键是各种参数的设置与滤波方法的选择。

1. 低通滤波

低通滤波的作用是消除图像的高频组分，而让低频组分通过，使图像更加平滑、柔和。具体操作过程如下：

（1）在 Fourier Editor 对话框菜单条中单击"Mask→Filter"菜单项，打开 Low/High Pass Filter 对话框（见图 9.22）。

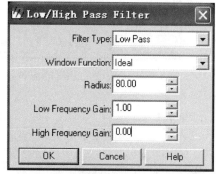

图 9.22　Low/High Pass Filter 对话框

（2）在 Low/High Pass Filter 对话框中，需要设置下列参数：

选择滤波类型（Filter Type）：Low Pass（低通滤波）。

选择窗口功能（Window Function）：Ideal（理想滤波器）。

圆形滤波半径（Radius）：80.00（圆形区域以外的高频成分将被滤掉）。

定义低频增益（Low Frequency Gain）：1.00。

（3）单击"OK"按钮，关闭 Low/High Pass Filter 对话框，执行低通滤波处理。

（4）为了比较效果，需要对低通滤波处理后的傅里叶图像进行保存，并进行傅里叶逆变换。

1）保存傅里叶处理图像。

Fourier Editor 对话框菜单条：File→Save As→Save Layer As 对话框（见图 9.23）；确定输出傅里叶图像路径：users；确定输出傅里叶图像文件名：tm_1_lowpass.fft；单击"OK"按钮，关闭 Save

图 9.23　Save Layer As 对话框

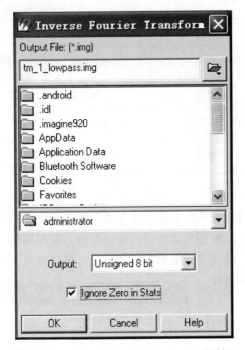

图 9.24 Inverse Fourier Transform 对话框

Layer As 对话框，保存 tm _ 1 _ low-
pass. fft。

2）执行傅里叶逆变换。

Fourier Editor 对话框菜单条：File →
Inverse Fourier Transform 对话框（见图
9.24）；确定输出图像路径：users；确定
输出图像文件（Output File）：tm _ 1 _
lowpass. img；输出数据类型（Output）：
Unsigned 8 bit；输出数据时忽略零值：
Ignore Zero In Stats；单击"OK"按钮，
关闭 Inverse Fourier Transform 对话框，
执行傅里叶逆变换。

3）对比傅里叶处理效果。

在 ERDAS 视窗中同时打开处理前
后的图像，通过图像叠加显示功能，观
测处理前后图像的不同。

说明：系统提供了 5 种常用的滤波
窗口类型，其功能特点见表 9.3。

表 9.3   **滤波窗口类型及功能**

滤波窗口类型	滤波功能特点
Ideal：理想滤波窗口	理想滤波窗口的截取频率是绝对的，没有任何过渡，其主要缺点是会产生环形条纹，特别是半径较小时
Bartlett：三角滤波窗口	三角滤波窗口采用一种三角形窗口，有一定的过渡
Butterworth：巴特滤波窗口	巴特滤波窗口采用平滑的曲线方程，过渡性比较好；其主要优点是最大限度减少了环形波纹的影响
Gaussian：高斯滤波窗口	高斯滤波窗口采用的是自然底数幂函数，过渡性好；具有与巴特滤波窗口类似的优点，可以互换应用
Hanning：余弦滤波窗口	余弦滤波窗口采用的是条件余弦函数，过渡性好；具有与巴特滤波窗口类似的优点，可以互换应用

2. 高通滤波

与低通滤波的作用相反，高通滤波是消除图像的低频组分，而让高频组分通过保留，
可以使图像锐化和边缘增强。具体操作过程如下：

（1）在 Fourier Editor 对话框菜单条中单击"Mask→Filter"菜单项，打开 Low/
High Pass Filter 对话框（见图 9.25）。

（2）在 Low/High Pass Filter 对话框中，需要设置下列参数：

选择滤波类型（Filter Type）：High Pass（高通滤波）。

选择窗口功能（Window Function）：Hanning（余弦滤波器）。

圆形滤波半径（Radius）：200.00（圆形区域以内的低频成分将被滤掉）。

定义高频增益（High Frequency Gain）：1.00。

（3）单击"OK"按钮，关闭 Low/High Pass Filter 对话框，执行高通滤波处理。

（4）为了比较效果，需要对高通滤波处理后的傅里叶图像进行保存，并进行傅里叶逆变换，操作步骤与低通滤波一致。

3. 圆形掩模

在 Fourier Editor 图像窗口可以看到，傅里叶图像（tm_1.fft）中有几个分散分布的亮点，

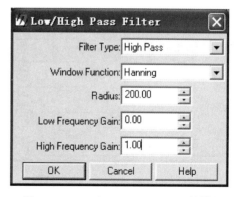

图 9.25　Low/High Pass Filter 对话框

应用圆形掩模处理可以将其去除。首先，需要应用鼠标查询亮点分布坐标：在 Fourier Editor 图像窗口单击亮点中心，其坐标就会显示在状态条上（44，57）；然后启动圆形掩模：

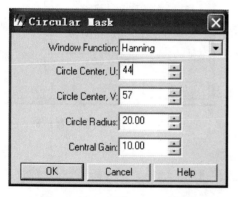

图 9.26　Circular Mask 对话框

（1）在 Fourier Editor 对话框菜单条中单击 "Mask→Circular Mask" 菜单项，打开 Circular Mask 对话框（见图 9.26）。

（2）在 Circular Mask 对话框中，需要设置下列参数：

选择窗口功能（Window Function）：Hanning（余弦滤波器）。

圆形滤波中心坐标 U（Circle Center, U）：44。

圆形滤波中心坐标 V（Circle Center, V）：57。

圆形滤波半径（Circle Radius）：20.00。

定义中心增益（Central Gain）：10.00。

（3）单击"OK"按钮，关闭 Circular Mask 对话框，执行圆形掩模处理。

4. 矩形掩模

矩形掩模功能可以产生矩形区域的傅里叶图像，编辑过程类似于圆形掩模，应用于非中心区的傅里叶图像处理，具体过程是首先打开傅里叶图像（tm_1.fft），然后按照下列步骤处理：

（1）在 Fourier Editor 对话框菜单条中单击 "Mask→Rectangular Mask" 菜单项，打开 Rectangular Mask 对话框（见图 9.27）。

（2）在 Rectangular Mask 对话框中，需要设置下列参数：

选择窗口功能（Window Function）：Ideal（理想滤波器）。

矩形滤波窗口坐标：ULU：50，ULV：50，LRU：255，LRV：255。

定义中心增强（Central Gain）：0.00。

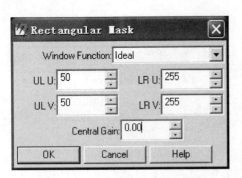

图 9.27　Rectangular Mask 对话框

（3）单击"OK"按钮，执行矩形掩模处理。

5. 楔形掩模

楔形掩模经常用于去除图像中的扫描条带（Strip），扫描条带在傅里叶图像中表现为光亮的辐射线（Radial Line），Landsat MSS 与 TM 图像中的条带在傅里叶图像中多数表现为非常明显的高亮度的、近似垂直的、穿过图像中心的辐射线。应用楔形掩模去除条带的具体过程是首先打开傅里叶图像（tm_1.fft），然后按照下列步骤处理：

（1）确定辐射线的走向。应用鼠标查询沿着辐射线分布的任意亮点坐标（36，−185）。该点坐标将用于计算辐射线的角度[−atan(−185/36)]。

（2）定义楔形掩模参数。

1）在 Fourier Editor 对话框菜单条中单击"Mask → Wedge Mask"菜单项，打开 Wedge Mask 对话框（见图 9.28）。

2）在 Wedge Mask 对话框中，需要设置下列参数：

选择窗口功能（Window Function）：Hanning（余弦滤波器）。

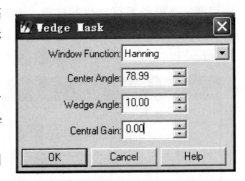

图 9.28　Wedge Mask 对话框

辐射线与中心的夹角（Center Angle）：−atan(−185/−36)：78.99。

定义楔形夹角（Wedge Angle）：10.00。

定义中心增益（Center Gain）：0.00。

3）单击"OK"按钮，关闭 Wedge Mask 对话框，执行楔形掩模处理。

6. 组合编辑

以上所介绍的都是单个傅里叶图像编辑命令，事实上，可以任意组合系统所提供的傅里叶图像编辑命令对同一幅傅里叶图像进行编辑。每一次编辑变换都是相对独立的。

9.3.4.4　傅里叶逆变换

傅里叶逆变换的作用就是将频率域上傅里叶图像转换到空间域上，以便对比傅里叶图像处理效果。事实上，前面已经涉及傅里叶图像逆变换操作，但运行过程有一点差别。

（1）在 ERDAS 图标面板菜单条，单击"Main→Image Interpreter→Fourier Analysis →Inverse Fourier Transform"命令，打开 Inverse Fourier Transform 对话框（见图 9.29）；或者在 ERDAS 图标面板工具条，单击"Interpreter→Fourier Analysis→Inverse Fourier Transform"命令，打开 Inverse Fourier Transform 对话框。

（2）在 Inverse Fourier Transform 对话框中，确定下列参数：

选择输入傅里叶图像（Input File）：tm_1_cicular.fft。

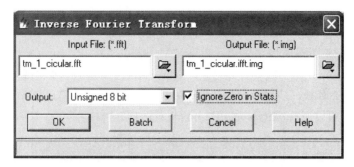

图 9.29 Inverse Fourier Transform 对话框

确定输出彩色图像（Output File）：tm_1_cicular. ifft. img。

定义输出数据类型（Output）：Unsigned 8 bit。

输出数据统计时忽略零值：Ignore Zero in Stats。

（3）单击"OK"按钮，关闭 Inverse Fourier Transform 对话框，执行快速傅里叶变换。

9.3.4.5　傅里叶显示变换

傅里叶显示变换是将傅里叶图像变换为 ERDAS IMAGING 的 IMG 图像，可以脱离傅里叶变换编辑器，直接在 ERDAS IMAGING 视窗中显示操作。

（1）在 ERDAS 图标面板菜单条，单击"Main→Image Interpreter→Fourier Analysis →Fourier Magnitude"命令，打开 Fourier Magnitude 对话框（见图 9.30）；或者在 ERDAS图标面板工具条，单击"Interpreter→Fourier Analysis→Fourier Magnitude"命令，打开 Fourier Magnitude 对话框。

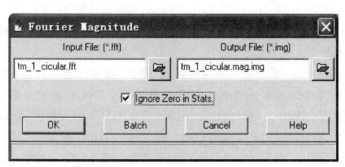

图 9.30　Fourier Magnitude 对话框

（2）在 Fourier Magnitude 对话框中，确定下列参数：

选择输入傅里叶图像（Input File）：tm_1_cicular. fft。

确定输出彩色图像（Output File）：tm_1_cicular. mag. img。

输出数据统计时忽略零值：Ignore Zero in Stats。

（3）单击"OK"按钮，关闭 Fourier Magnitude 对话框，执行傅里叶显示变换。

9.3.4.6　周期噪声去除

周期噪声去除通过傅里叶变换来自动消除遥感图像中诸如扫描条带等周期性噪声。输入图像首先被分割成相互重叠的 128×128 的像元块，每个像元块分别进行快速傅里叶变换，并计算傅里叶图像的对比亮度均值，依据平均光谱能量对整个图像进行傅里叶变换，然后再进行傅里叶逆变换，这样，原始图像中的周期性噪声就会被明显减少或去除。

（1）在 ERDAS 图标面板菜单条，单击"Main→Image Interpreter→Fourier Analysis→Periodic Noise Removal"命令，打开 Periodic Noise Removal 对话框（见图 9.31）；或者在 ERDAS 图标面板工具条，单击"Interpreter→Fourier Analysis→Periodic Noise Removal"命令，打开 Periodic Noise Removal 对话框。

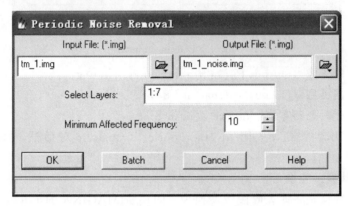

图 9.31　Periodic Noise Removal 对话框

（2）在 Periodic Noise Removal 对话框中，确定下列参数：

选择输入图像（Input File）：tm_1.img。

确定输出图像（Output File）：tm_1_noise.img。

选择处理波段（Select Layers）：1：7。

确定最小影响频率（Minimum Affected Frequency）：10。

（3）单击"OK"按钮，关闭 Periodic Noise Removal 对话框，执行周期噪声去除。

9.3.4.7　同态滤波

同态滤波是应用照度/反射率模型对遥感图像进行滤波处理，常常应用于揭示阴影区域的细节特征。该方法的基本原理是：将像元灰度值看作是照度和反射率两个组分的产物，由于照度相对变化很小，可以看作是图像的低频部分，而反射率则是高频成分，通过分别处理照度和反射率对像元灰度值的影响，达到揭示阴影区域细节特征的目的。该功能的操作过程比较简单，关键是照度增益、反射率增益和截取频率 3 个参数的设置，照度增益的取值在 0～1 时，输出图像中照度的影响被减弱，如果照度增益的取值大于 1，则照度的影响被加强；类似的，反射率增益的取值在 0～1 时，输出图像中反射率的影响被减弱，如果反射率增益的取值大于 1，则反射率的影响被加强；截取频率用于分割高频与低频，大于截取频率的成分作为高频成分，而小于截取频率的成分作为低频成分。

（1）在 ERDAS 图标面板菜单条，单击"Main→Image Interpreter→Fourier Analysis→Homomorphic Filter"命令，打开 Homomorphic Filter 对话框（见图 9.32）；或者在 ERDAS 图标面板工具条，单击"Interpreter→Fourier Analysis→Homomorphic Filter"命令，打开 Homomorphic Filter 对话框。

（2）在 Homomorphic Filter 对话框中，确定下列参数：

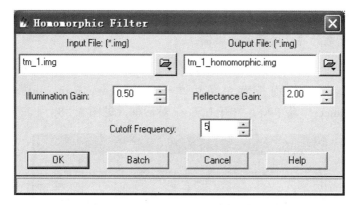

图 9.32 Homomorphic Filter 对话框

选择输入图像（Input File）：tm_1. img。

确定输出图像（Output File）：tm_1_ Homomorphic. img。

设置照度增益（Illumination Gain）：0.50。

设置反射率增益（Reflectance Gain）：2.00。

设置截取频率（Cutoff Frequency）：5。

（3）单击"OK"按钮，关闭 Homomorphic Filter 对话框，执行同态滤波处理。

9.4 指 数 运 算

9.4.1 基础知识

指数运算（Indices）是应用一定的数学方法，将遥感图像中不同波段的灰度值进行各种组合运算，计算反映矿物及植被的常用比率和指数。各种比率和指数与遥感图像类型（传感器）有密切的关系。ERDAS 系统集成的传感器类型有 SPOT XS、Landsat TM、Landsat MSS、NOAA AVHRR，ERDAS 集成的指数主要有：

（1）比值植被指数：RVI＝IR/R(infrared/red)。

（2）平方根植被指数：SQRT(IR/R)。

（3）差值植被指数：DVI＝IR－R。

（4）归一化差值植被指数：NDVI＝(IR－R)/(IR＋R)。

（5）转换 NDVI：TNDVI＝SQRT[(IR－R)/(IR＋R)＋0.5]。

（6）铁氧化物指数：Iron Oxide＝ TM 3/1。

（7）黏土矿物指数：Clay Minerals ＝ TM 5/7。

（8）铁矿石指数：Ferrous Minerals ＝ TM 5/4。

（9）矿物合成指数：Mineral Composite(RGB)＝ TM 5/7，5/4，3/1。

（10）热液合成指数：Hydrothermal Composite(RGB)＝ TM 5/7，3/1，4/3。

9.4.2 实训目的和要求

理解指数的计算，掌握各类指数的用法和意义。

9.4.3　实训内容

利用不同的指数计算，处理遥感影像。

9.4.4　实训指导

（1）在 ERDAS 图标面板菜单条中单击"Main→ Image Interpreter→ Spectral Enhancement→Indices"菜单项，打开 Indices 对话框（见图9.33）。

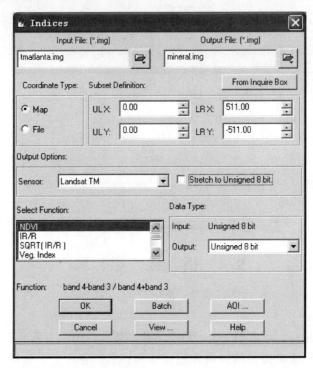

图 9.33　Indices 对话框

（2）在 Indices 对话框中设置下列参数：

输入文件（Input File）：tmatlanta. img。

输出文件（Output File）：mineral. img。

传感器类型（Sensor）：Landsat TM。

选择函数（Select Function）：NDVI（相应的计算公式将显示在对话框下方的 Function 提示栏）。

（3）单击"OK"按钮，关闭 Indices 对话框，执行指数运算。

9.5　主成分变换（K－L 变换）

9.5.1　基础知识

主成分变换（Principal Components Analysis，PCA）是一种常用的数据压缩方法，它可以将具有相关性的多波段数据压缩到完全独立的较少的几个波段上，使图像数据更易于解译。主成分变换是建立在统计特征基础上的多维正交线性变换，是一种离散的 Karhunen-Loeve 变换，又称为 K-L 变换。K-L 变换后的新波段主分量包括的信息量不同，呈逐渐减少趋势。其中，第一主分量集中了最大的信息量，常常占 80% 以上；第二、第三主分量的信息量依次快速递减，到第 n 分量信息几乎为 0。由于 K-L 变换对不相关的噪声没有影响，所以信息减少时，便突出了噪声，最后的分量几乎全是噪声。所以这种变换又可以分离出噪声。基于上述特点，在遥感数据处理时，常用 K-L 变换作数据分析前的预处理。

主成分逆变换（Inverse Principal Components Analysis）就是将经主成分变换获得的图像重新恢复到 RGB 彩色空间。应用时，输入的图像必须是由主成分变换得到的图像，而且必须有当时的特征矩阵（*.mtx）参与变换。

去相关拉伸（Decorrelation Stretch）是对图像的主成分进行对比度拉伸处理，而不是对原始图像进行拉伸。用户在操作时，只需要输入原始图像就可以了，系统将首先对原始图像进行主成分变换，并对主成分图像进行对比度拉伸处理，然后再进行主成分逆变换，依据当时变换的特征矩阵，将图像恢复到 RGB 彩色空间，达到图像增强的目的。

9.5.2 实训目的和要求

了解并掌握 K-L 变换的过程和方法，理解 K-L 变换产生的处理效果和意义。

9.5.3 实训内容

（1）主成分变换。

（2）主成分逆变换。

（3）去相关拉伸。

9.5.4 实训指导

9.5.4.1 主成分变换

（1）在 ERDAS 图标面板菜单条中单击"Main → Image Interpreter → Spectral Enhancement→Principal Comp"菜单项，打开 Principal Components 对话框（见图 9.34）。

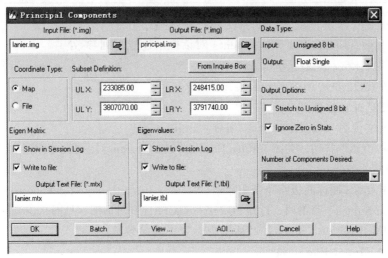

图 9.34 Principal Components 对话框

（2）在 Principal Components 对话框中设置下列参数：

输入文件（Input File）：lanier. img。

输出文件（Output File）：principal. img。

输出数据类型（Output）：浮点 Float Single。

特征矩阵输出设置（Eigen Matrix）：两种方式：在运行日志中显示和写入特征值文件（必选项，逆变换时需要）。

特征矩阵文件名（Output Text File）：lanier. mtx。

特征值输出设置（Eigenvalues）：两种方式：在运行日志中显示和写入特征值文件：特征值文件名（Output Text File）：lanier. tbl。

需要的主成分数目（Number of Components Desired）：4。

（3）单击"OK"按钮，关闭 Principal Components 对话框，执行主成分变换。

9.5.4.2　主成分逆变换

（1）在 ERDAS 图标面板菜单条中单击"Main→ Image Interpreter→Spectral Enhancement →Inverse Principal Comp"，打开 Inverse Principal Components 对话框（见图 9.35）。

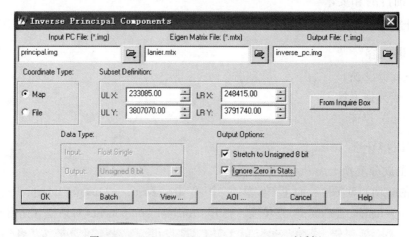

图 9.35　Inverse Principal Components 对话框

（2）在 Inverse Principal Components 对话框中设置下列参数：

输入文件（Input File）：principal. img。

输出文件（Output File）：inverse_pc. img。

输出数据选择：拉伸到 0～255。

特征矩阵文件名（Eigen Matrix File）：lanier. mtx。

（3）单击"OK"按钮，关闭 Inverse Principal Components 对话框，执行主成分逆变换。

9.5.4.3　去相关拉伸

（1）在 ERDAS 图标面板菜单条中单击"Main→ Image Interpreter→Spectral Enhancement →Decorrelation Stretch"菜单项，打开 Decorrelation Stretch 对话框（见图 9.36）。

（2）在 Decorrelation Stretch 对话框中设置下列参数：

输入文件（Input File）：lanier. img。

输出文件（Output File）：Decorrelation. img。

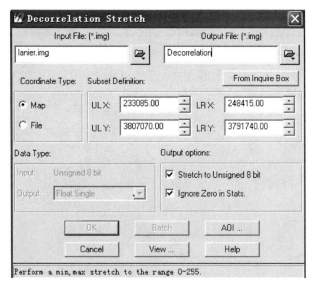

图 9.36　Decorrelation Stretch 对话框

输出数据选择：拉伸到 0～255。

（3）单击"OK"按钮，关闭 Decorrelation Stretch 对话框，执行去相关拉伸。

9.6　缨帽变换（K－T 变换）

9.6.1　基础知识

缨帽变换（Tasseled Cap）是针对植物学家所关心的植被图像特征，在植被研究中将原始图像数据结构轴进行旋转，优化图像数据显示效果，是由 R. J. Kauth 和 G. S. Thomas 两位学者提出来的一种经验性的多波段图像线性正交变换，因而又称为 K－T 变换。该变换的基本思想是：多波段（N 波段）图像可以看作是 N 维空间，每一个像元都是 N 维空间中的一个点，其位置取决于像元在各个波段上的数值。专家的研究表明，植被信息可以通过 3 个数据轴（亮度轴、绿度轴、湿度轴）来确定，而这 3 个轴的信息可以通过简单的线性计算和数据空间旋转获得，当然还需要定义相关的转换系数；同时，这种旋转与传感器有关，因而还需要确定传感器类型。

9.6.2　实训目的和要求

了解并掌握 K－T 变换的过程和方法，理解 K－T 变换产生的处理效果和意义。

9.6.3　实训内容

对遥感图像进行 K－T 变换处理。

9.6.4　实训指导

（1）在 ERDAS 图标面板菜单条中单击"Main → Image Interpreter → Spectral Enhancement→Tasseled Cap"菜单项，打开 Tasseled Cap 对话框（见图 9.37）。

（2）在 Tasseled Cap 对话框中设置下列参数：

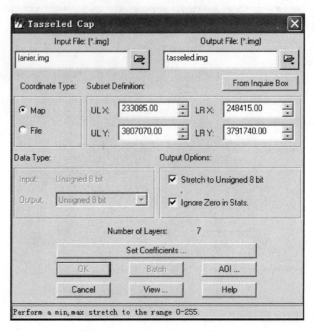

图 9.37　Tasseled Cap 对话框

输入文件（Input File）：lanier. img。

输出文件（Output File）：tasseled. img。

输出数据选择：拉伸到 0～255。

单击 "Set Coefficients" 按钮，打开 Tasseled Cap Coefficients 对话框（见图 9.38），将传感器类型设置为 Landsat 5 TM。

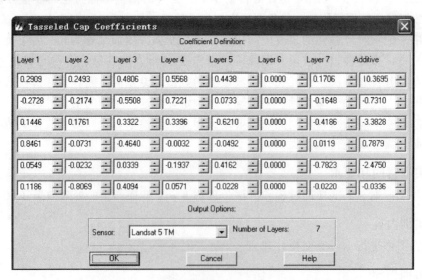

图 9.38　Tasseled Cap Coefficients 对话框

（3）单击 "OK" 按钮，关闭 Tasseled Cap 对话框，执行缨帽变换。

9.7 彩 色 增 强

9.7.1 基础知识

色彩变换（RGB to IHS）是将遥感图像从 RGB 三种颜色组成的彩色变换转换到以亮度 I、色度 H、饱和度 S 作为定位参数的彩色空间，以便使图像的颜色与人眼看到的更为接近。其中，亮度表示整个图像的明亮程度，取值范围是 0～1；色度代表像元的颜色，取值范围是 0～360；饱和度代表颜色的纯度，取值范围是 0～1。

色彩逆变换（IHS to RGB）是与上述色彩变换对应进行的，是将遥感图像从亮度 I、色度 H、饱和度 S 作为定位参数的彩色空间转换到 RGB 三种颜色组成的彩色空间。需要说明的是在完成色彩逆变换的过程中，经常需要对亮度 I 与饱和度 S 进行最小最大拉伸，使其数值充满 0～1 的取值范围。

自然色彩变换（Natural Color）就是模拟自然色彩对多波段数据进行变换，输出自然色彩图像。变换过程中关键是 3 个输入波段光谱范围的确定。这 3 个波段依次是近红外、红、绿，如果 3 个波段定义不够恰当，则转换以后的输出图像也不可能是真正的自然色彩。

9.7.2 实训目的和要求

（1）了解 IHS 彩色空间，掌握 RGB to IHS 彩色空间变换的过程和方法。

（2）了解图像的自然色彩，理解图像色彩的变换。

9.7.3 实训内容

（1）色彩变换。

（2）色彩逆变换。

（3）自然色彩变换。

9.7.4 实训指导

9.7.4.1 色彩变换

（1）在 ERDAS 图标面板菜单条中单击 "Main → Image Interpreter → Spectral Enhancement→ RGB to IHS" 菜单项，打开 RGB to IHS 对话框（见图 9.39）。

（2）在 RGB to IHS 对话框中设置下列参数：

输入文件（Input File）：dmtm. img。

输出文件（Output File）：rgb-ihs. img。

确定参与变换的 3 个波段（No. of Layers）：Red：4/Green：3/Blue：2。

（3）单击 "OK" 按钮，关闭 RGB to IHS 对话框，执行彩色变换。

9.7.4.2 色彩逆变换

（1）在 ERDAS 图标面板菜单条中单击 "Main → Image Interpreter → Spectral Enhancement→IHS to RGB" 菜单项，打开 IHS to RGB 对话框（见图 9.40）。

（2）在 IHS to RGB 对话框中设置下列参数：

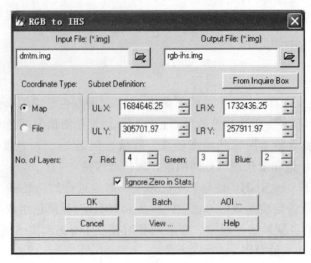

图 9.39　RGB to IHS 对话框

输入文件（Input File）：rgb-ihs. img。

输出文件（Output File）：ihs-rgb. img。

单击 Stretch I ＆ S，对亮度与饱和度进行拉伸。

确定参与变换的 3 个波段（No. of Layers）：Intensity：1/Hue：2/Sat：3。

（3）单击"OK"按钮，执行彩色逆变换。

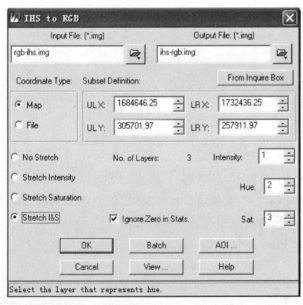

图 9.40　IHS to RGB 对话框

9.7.4.3　自然色彩变换

（1）在 ERDAS 图标面板菜单条中单击"Main → Image Interpreter → Spectral Enhancement→Natural Color"菜单项，打开 Natural Color 对话框（见图 9.41）。

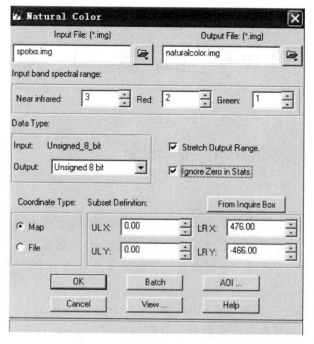

图 9.41 Natural Color 对话框

（2）在 Natural Color 对话框中设置下列参数：

输入文件（Input File）：spotxs. img。

输出文件（Output File）：naturalcolor. img。

输入波段光谱范围（Input band spectral range）：近红外（Near infrared）：3 波段。红（Red）：2 波段；绿（Green）：1 波段。

（3）单击"OK"按钮，关闭 Natural Color 对话框，执行自然色彩变换。

第10章 图像分类

10.1 非监督分类

10.1.1 基础知识

非监督分类（Unsupervised Classification）是利用地物光谱信息或纹理信息的差异，通过统计提取特征，利用其差别实现分类，最后再确定类的属性。

非监督分类有动态聚类法、分级集群法、RGB 聚类法多种方法。以下介绍动态聚类法（ISODATA 聚类）。

ISODATA（Iterative Self-Organizing Data Analysis Techniques Algorithm 迭代自组数据分析算法）是一种反复自组织数据的分析技术（Tou and Gonzalez，1974）。该方法反复地完成整个分类并计算统计参数。ISODATA 方法利用最小光谱距离安排待分像元到相应的簇，程序首先根据推断所获得的簇的平均值或已有的标志的平均值确定簇数，然后反复处理，最后移动到数据中簇的平均值。

1. ISODATA 聚类参数

N——确认的最大簇数，每个簇都是某一类的基础，因而最终成为最大的分类数。ISODATA 开始按初定的 N 个簇的均值处理，有些簇只有很少的像元，这些簇可以剔除，留下少于 N 的簇数；

T——收敛阈值（Convergence Threshold），是占百分比最大的像元，它们所属的类值在迭代时可以保持不变；

M——完成聚类所需最大迭代次数。

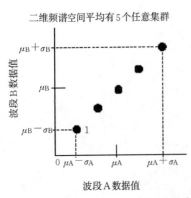

图 10.1 ISODATA 任意集群

2. 初始簇均值（Initial Cluster Means）

第一次迭代时，N 个簇的平均值可以大致决定，每次迭代之后，每个簇的均值都会按簇中像元的实际光谱位置加以计算，从而取代初始均值，然后，这些新的均值在下次迭代时用于定义簇，处理继续进行，直至两次迭代之间少有变化。

初始簇均值在特征光谱空间中沿着一个矢量方向分布（见图 10.1）。

点 1 坐标（$\mu_A - \delta_A, \mu_B - \delta_B$），对于多维（N 维）特征空间，点 1 由（$\mu_1 - \delta_1, \mu_2 - \delta_2, \cdots, \mu_n - \delta_n$）

确定。

3. 像元分析（Pixel Analysis）

像元分析从图像左上角开始，从左到右，一块接一块地进行。

首先计算像元与各簇均值的光谱距离，通过比较，将像元划分到距离最近的簇
（见图 10.2），按簇重新计算均值，其位置会发生变化（见图 10.3），再重新计算比
较、分簇。

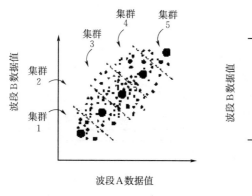

图 10.2 ISODATA 第一次分类   图 10.3 ISODATA 第二次分类

4. 未变化的比率（Percentage Unchanged）

指每次迭代之后，那些自上次迭代以来未发生变化的像元的比率，该比率趋近于
T（收敛阈值）时，处理程序结束。如果不能收敛到 T，则应增加最大迭代次数 M。

ISODATA 聚类的优点：与数据文件中像元地理位置无关；对发现数据内在的光谱簇
非常有效，只要有足够的迭代次数，初始簇均值位置的设定对结果没有影响。

其缺点是：聚类处理费时较长；不考虑像元在空间上的一致性。

10.1.2 实训目的和要求

了解并掌握非监督分类的过程和方法。

10.1.3 实训内容

在 ERDAS 软件中进行遥感图像的非监督分类。

10.1.4 实训指导

10.1.4.1 初始分类获取

应用非监督分类方法进行遥感图像分类时，首先需要调用系统提供的非监督分类方法
获得初始分类结果，而后再进行一系列的调整分析。

1. 启动非监督分类

在 ERDAS 图标面板工具条中单击"DataPrep→ Unsupervised Classification"按钮，
打开 Unsupervised Classification 对话框（见图 10.4），或者在 ERDAS 图标面板工具条中
单击 "Classifier→Unsupervised Classification"按钮，打开 Unsupervised Classification 对
话框（见图 10.5），可以看到，两种方法调出的 Unsupervised Classification 对话框是有
一些区别的。

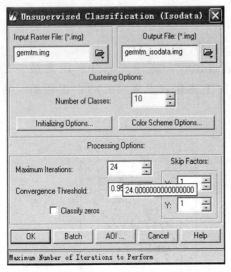

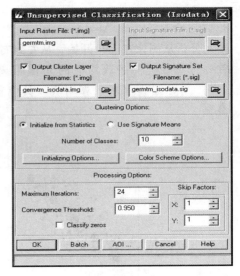

图 10.4　Unsupervised Classification 对话框　　　图 10.5　Unsupervised Classification 对话框

2. 进行非监督分类

在 Unsupervised Classification 对话框进行下列设置：

（1）输入栅格文件：germtm. img。

（2）输出文件：germtm_isodata. img。

（3）生成分类模板文件（Output Signature Set）：产生一个模板文件。

（4）模板文件名：germtm_isodata. sig。

（5）对聚类选项（Clustering Options）选择 Initialize from Statistics 单选框（Initialize from Statistics 指由图像文件整体或 AOI 的统计值产生自由聚类，分出类别的数目由用户自己决定；而 Use Signature Means 是基于选定的模板文件进行非监督分类，类别的数目由板文件决定）。

（6）最大分类数：10（分出 10 个类别。实际工作中一般将最大分类数取为最终分类数的两倍以上）。

（7）单击"Initializing Options"按钮，打开 File Statistics Options 对话框，设置 ISODATA 的一些统计参数。

（8）单击"Color Scheme Options"按钮，打开 Output Color Scheme Options 对话框，设置分类图像彩色属性。

（9）确定处理参数（Processing Options），需要确定循环次数与循环阈值，定义最大循环次数 Maximum Iterations：24（是指 ISODATA 重新聚类的最多次数，是为了避免程序运行时间太长或由于没有达到聚类标准而导致的死循环，在应用中一般将循环次数设置为 6 次以上）；设置循环收敛阈值（Convergence Threshold）：0.95（是指两次分类结果相比保持不变的像元所占最大百分比，是为了避免 ISODATA 无限循环下去）。

3. 执行非监督分类

单击"OK"按钮，关闭 Unsupervised Classification 对话框，执行非监督分类。

10.1.4.2 分类方案调整

获得一个初始分类结果以后，可以应用分类叠加（Classification Overlay）方法来评价分类结果、检查分类精度、确定类别专题意义和定义分类色彩，以便获得最终的分类方案。

1. 显示原图像与分类图像

在窗口中同时显示 germtm. img 和 germtm_isodata. img：两个图像的叠加顺序为 germtm. img 在下、germtm_isodata. img 在上，germtm. img 显示方式用红（4）、绿（5）、蓝（3）[指 TM 图像 band（波段）4，band5，band3]，注意在打开分类图像时，一定要在"Raster Option"选项卡取消选中"Clear Display"复选框，以保证两幅图像叠加显示。

2. 调整属性字段显示顺序

单击"Raster → Tools → Attributes"命令，打开 Raster Attribute Editor 窗口（germtm_isodata 的属性表，见图 10.6）。

Row	Color	Red	Green	Blue	Opacity	
0		0	0	0	0	Unclassified
1		0.1	0.1	0.1	1	Class 1
2		0.2	0.2	0.2	1	Class 2
3		0.3	0.3	0.3	1	Class 3
4		0.4	0.4	0.4	1	Class 4
5		0.5	0.5	0.5	1	Class 5
6		0.6	0.6	0.6	1	Class 6
7		0.7	0.7	0.7	1	Class 7
8		0.8	0.8	0.8	1	Class 8
9		0.9	0.9	0.9	1	Class 9
10		1	1	1	1	Class 10

图 10.6　Raster Attribute Editor 窗口

属性表中的 11 个记录分别对应产生的 10 个类及 Unclassified 类，每个记录都有一系列的字段。如果想看到所有字段，需要用鼠标拖动浏览条。为了方便看到的重要字段，需要按照下列操作调整字段显示顺序。

在 Raster Attribute Editor 对话框菜单条，单击"Edit→Column Properties"命令，打开 Column Properties 对话框（见图 10.7），在 Column 列表框中选择要调整显示顺序的字段，通过 Up、Down、Top、Bottom 等几个按钮调整其合适的位置，通过设置 Display Width 微调框来调整其显示宽度，通过 Alignment 下拉框调整其对齐方式。如果选中 Editable 复选框，则可以在 Title 文本框中修改各个字段的名字及其他内容。

在 Column Properties 对话框中，调整字段顺序：

（1）依次选择 Histogram、Opacity、Color、Class_Names 字段，并利用 Up 按钮移

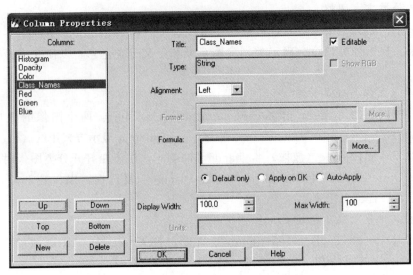

图 10.7　Column Properties 对话框

动，使 Histogram、Opacity、Color 和 Class_Names 这 4 个字段的显示顺序依次排在前面。

（2）单击"OK"按钮，返回 Raster Attribute Editor 对话框。

3. 定义类别颜色

如图 10.6 所示，初始分类图像是灰度图像，各类别的显示灰度是系统自动赋予的，为了提高分类图像的直观表达效果，需要重新定义类别颜色。

在 Raster Attribute Editor 窗口（germtm_isodata 的属性表）中进行如下操作：

（1）单击一个类别的 Row 字段从而选择该类别。

（2）右击该类别的 Color 字段（颜色显示区）。

（3）在 As Is 色表菜单选择一种合适颜色。

（4）重复以上操作，直到给所有类别赋予合适的颜色。

4. 设置不透明度

由于分类图像覆盖在原图像上面，为了对单个类别的专题含义与分类精度进行分析，首先要把其他所有类别的不透明程度（Opacity）值设为 0（即改为透明），而要分析的类别的透明度设为 1（即不透明）。

在 Raster Attribute Editor 窗口（germtm_isodata 的属性表）中进行如下操作：

（1）右击 Opacity 字段名。

（2）单击"Column Options→Formula"命令，打开 Formula 对话框（见图 10.8）。

（3）在 Formula 文本框中输入"0"（可以单击右上角数字区）。

（4）单击"Apply"按钮，应用设置；单击"Close"按钮，关闭 Formula 对话框。

（5）返回 Raster Attribute Editor 窗口（germtm_isodata 的属性表）。

（6）所有类别都设置成透明状态。

下面需要把所分析类别的不透明度设置为 1，亦即设置为不透明状态，在 Raster Attribute Editor 窗口（germtm_isodata 的属性表）中进行如下操作：

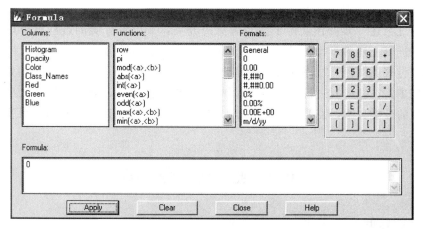

图 10.8　Formula 对话框

（1）单击一个类别的 Row 字段从而选择该类别。

（2）单击该类别的 Opacity 字段从而进入输入状态。

（3）在该类别的 Opacity 字段中输入 "1"，并按 Enter 键。

此时，在窗口中只有要分析类别的颜色显示在原图像的上面，其他类别都是透明的。

5. 确定类别意义及精度

虽然已经得到了一个分类图像，但是对于各个分类的专题意义目前还没有确定，这一步就是要通过设置分类图像在原图像背景上闪烁（Flicker），来观察其与背景图像之间的关系，从而判断该类别的专题意义，并分析其分类准确程度。当然，也可以用卷帘显示（Swipe）、混合显示（Blend）等图像叠加显示工具，进行判别分析。

（1）在菜单条单击 "Utility→Flicker" 命令，打开 Viewer Flicker 对话框。

（2）设置如下参数：

设置闪烁速度（Speed）为 500；

设置自动闪烁状态，选择 Auto Mode（观察类别与原图像之间的对应关系）。

（3）单击 "Cancel" 按钮，关闭 Viewer Flicker 对话框。

6. 标注类别名称和颜色

根据上一步做出的分类专题意义的判别，在属性表中赋予分类名称（英文或拼音）。

在 Raster Attribute Editor 窗口（germtm_isodata 的属性表）中进行如下设置：

（1）单击上一步分析类别的 Row 字段从而选择该类别。

（2）单击该类别的 Class Names 字段从而进入输入状态。

（3）在 Class Names 字段中输入该类别的专题名称（如水体）并按 Enter 键。

（4）右击该类别的 Color 字段（颜色显示区）。

（5）打开 As Is 菜单。

（6）选择一种合适的颜色（如水体为蓝色）。

重复以上第 4、5、6 三步，直到对所有类别都进行了分析与处理。当然，在进行分类叠加分析时，一次可以选择一个类别，也可以选择多个类别同时进行。

7. 类别合并与属性重定义

如果经过上述 6 步操作获得了比较满意的分类，非监督分类的过程就可以结束。反之，如果在进行上述各步操作的过程中，发现分类方案不够理想，就需要进行分类后处理，诸如进行聚类统计、过滤分析、去除分析和分类重编码等，特别是由于给定的初始分类数量比较多，往往需要进行类别的合并操作（分类重编码）；而合并操作之后，就意味着形成了新的分类方案，需要按照上述步骤重新定义分类色彩、分类名称、计算分类面积等属性。

10.2 监 督 分 类

10.2.1 基础知识

监督分类（Supervised Classification）是指利用已知属性的训练样本建立判别准则，然后将像元归类的过程。

监督分类有最小距离法、多级切割分类法、特征曲线窗口法、最大似然比分类法等多种方法。以下介绍最小距离法。

通过计算待分像元测度向量与各样本中间向量之间的光谱距离，比较结束之后，将该像元划归到与之最近的识别样本所代表的类中（见图 10.9）。

$$SD_{xyc} = \sqrt{\sum_{i=1}^{n} (\mu_{ci} - x_{xyi})^2}$$

式中　n——波段数（维数）；

　　i——第 i 波段；

　　c——某一类；

　　x_{xyi}——波段 i 中像元 (x, y) 的数据文件值；

　　μ_{ci}——类 c 样本在波段 i 的数据文件均值；

　　SD_{xyc}——像元 (x, y) 到类 c 均值的光谱距离。

以上引用文献：Swain and Davis 1978。

该方法的优点是：①每个像元都有最近的样本，因而不存在未分类像元；②速度很快。

其缺点是：①有些在光谱上离样本很远（即光谱差异很大）的像元可能被划分到该类中。不过，该问题可以通过设定最远阈值加以解决；②没有考虑到类在光谱上的变化性，如城市地类是由高度变化的像元

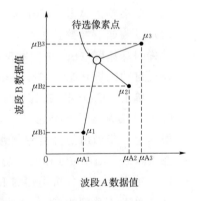

图 10.9　最小距离

组成的，它们可能与样本的均值相去甚远，运用该决策准则，偏离均值较远的城市像元可能会被不恰当地进行分类。相反地，有些类（如水）光谱特征变化很小，可能趋于过度分类，即过多的像元不恰当地分到该类之中。

10.2.2 实训目的和要求

了解并掌握监督分类的过程和方法。

10.2.3 实训内容

在 ERDAS 软件中进行遥感图像的监督分类。

10.2.4 实训指导

10.2.4.1 定义分类模板

ERDAS 的监督分类是基于分类模板（Classification Signature）来进行的，而分类模板的生成、管理、评价和编辑等功能是由分类模板编辑器（Signature Editor）来负责的。毫无疑问，分类模板编辑器是进行监督分类不可缺少的一个组件。

在分类模板编辑器中生成分类模板的基础是原图像和（或）其特征空间图像。因此，显示这两种图像的窗口也是进行监督分类的重要组件。

1. 显示需要分类的图像

在窗口中显示＜ERDASHOME＞\EXAMPLE\germtm.img（Red4/Green5/Blue3 选择 Fit to Frame，其他使用默认设置）。

2. 打开分类模板编辑器

在 ERDAS 图标面板菜单条，单击"Main→Image Classification→Signature Editor"命令，打开 Signature Editor 窗口（见图 10.10），或者在 ERDAS 图标面板工具条，单击"Classifier→Signature Editor"命令，打开 Signature Editor 窗口。

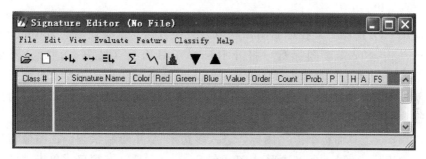

图 10.10　Signature Editor 窗口

从图 10.10 中可以看到分类模板编辑器由菜单条、工具条和分类模板属性 3 部分组成。

3. 调整分类属性字段

如图 10.10 所示，Signature Editor 窗口中的分类属性表中有很多字段，不同字段对于建立分类模板的作用或意义是不同的，为了突出作用比较大的字段，需要进行必要的调整。

在 Signature Editor 窗口菜单条，单击"View → Columns"命令，打开 View Signature Columns 对话框（见图 10.11）。

在 View Signature Columns 对话框中进行下列操作。

（1）单击第一个字段的 Column 列并向下拖动鼠标直到最后一个字段，此时，所有字段都被选择上，并用黄色（默认色）标识出来。

（2）按住 Shift 键的同时分别单击 Red、Green、Blue 三个字段，Red、Green、Blue

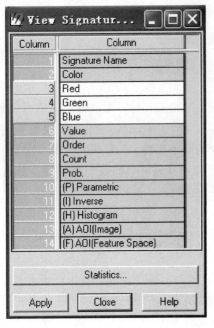

图 10.11　View Signature Columns 对话框

三个字段将分别从选择集中被清除。

（3）单击"Apply"按钮，分类属性表中显示的字段发生变化。

（4）单击"Close"按钮，关闭 View Signature Columns 对话框。

从 View Signature Columns 对话框可以看到，Red、Green、Blue 三个字段将不再显示。

4．获取分类模板信息

可以分别应用 AOI 绘图工具、AOI 扩展工具和查询光标等多种方法，在原始图像或特征空间图像中获取分类模板信息，但在实际工作中可能只用其中的一种方法即可，也可能要将几种方法联合应用。

无论是在原图像还是在特征空间图像中，都是通过绘制或产生 AOI 区域来获取分类模板信息。下面首先讲述在遥感图像窗口中产生 AOI 的 4 种方法，即利用 AOI 工具收集分类模板信息的 4 种方法如下：

（1）应用 AOI 绘图工具在原始图像获取分类模板信息。要显示 germtm. img 图像的工具条，可单击"Tools"图标，打开 Raster 工具面板（见图 10.12）。要显示 ger-mtm. img 图像的菜单条，可单击"Raster→Tools"命令，打开 Raster 工具面板。

下面的操作将在 Raster 工具面板、图像窗口、Signature Editor 对话框三者之间交替进行。

1）在 Raster 工具面板单击图标，进入多边形 AOI 绘制状态，在图像窗口中选择绿色区域（农田），绘制一个多边形 AOI。在 Signature Editor 窗口，单击"Create New Signature"图标，将多边形 AOI 区域加载到 Signature Editor 分类模板属性表中。

2）在图像窗口中选择另一个绿色区域，再绘制一个多边形 AOI。同样在 Signature Editor 窗口，单击"Create New Signature"图标，将多边形 AOI 区域加载到 Signature Editor 分类模板属性表中。

3）重复上述两步操作过程，选择图像中属性相同的多个绿色区域绘制若干多边形 AOI，并将其作为模板依次加入到 Signature Editor 分类模板属性表中。

4）按下 Shift 键，同时在 Signature Editor 分类模板属性表中依次单击选择"Class♯"字段下面的分类编号，将上面加入的多个绿色区域 AOI 模板全部选定。

5）在 Signature Editor 工具条，单击"Merge Signatures"图标，将多个绿色区域 AOI 模板合并，生成一个综合的新模板，其中包含了合并前的所有模板像元属性。在 Signature Editor 菜单条，单击"Edit→Delete"菜单项，删除合并前的多个模板。

6）在 Signature Editor 属性表，改变合并生成的分类模板的属性：包括名称与颜色分类名称 Signature Name：Agriculture/颜色（Color）：绿色。

164

7）重复上述所有操作过程，根据实地调查结果和已有研究成果，在图像窗口选择绘制多个黑色区域 AOI（水体），依次加载到 Signature Editor 分类属性表，并执行合并生成综合的水体分类模板，然后确定分类模板名称和颜色。

8）同样重复上述所有操作过程，绘制多个蓝色区域 AOI（建筑）、多个红色区域 AOI（林地）等，加载、合并、命名，建立新的模板。

9）如果将所有的类型都建立了分类模板，就可以保存分类模板。

（2）应用 AOI 扩展工具在原始图像获取分类模板信息。

应用 AOI 扩展工具生成 AOI 的起点是一个种子像元，与该像元相邻的像元被按照各种约束条件（如空间距离、光谱距离等）来考察，如果相邻像元符合条件被接受的话，就与种子像元一起成为新的种子像元组，并重新计算新的种子像元平均值（当然也可以设置为一直沿用原始种子的值），随后的相邻像元将以新的种子像元平均值来计算光谱距离，执行进一步的判断。但是，空间距离始终是以最初的种子像元为原点来计算的。

应用 AOI 扩展工具在原始图像获取分类模板信息，必须先设置种子像元特性，过程如下。

在 germtm.img 图像的菜单条单击"AOI→Seed Properties"命令，打开 Region Growing Properties 对话框（见图 10.13 左）。

在 Region Growing Properties 对话框中，设置下列参数：

1）选择相邻像元扩展方式 Neighborhood：选择按 4 个相邻像元扩展，包括两种扩展方式：

表示以上、下、左、右 4 个像元作为相邻像元进行扩展。

表示种子像元周围的 9 个像元都是扩展的相邻像元。

2）选择区域扩展的地理约束条件 Geographic Constrains，包括两个约束条件：

面积约束（Area）确定每个 AOI 所包含的最多像元数（或者面积）。

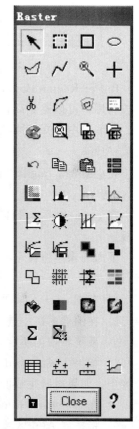

图 10.12　Raster 工具面板

距离约束（Distance）确定 AOI 所包含像元距种子像元的最大距离。

这两个约束可以只设置一个，也可以设置两个或者一个也不设。

3）确定区域扩展的地理约束参数，约束面积大小为 300/采用单位为像元 Pixels。

4）设置波谱欧式距离（Spectral Euclidean Distance）为 10（这是判断相邻像元与种子像元平均值之间的最大波谱欧式距离，大于该距离的相邻像元将不被接受）。

5）单击"Options"按钮，打开 Region Grow Options 对话框（图 10.13 右），设置区域扩展过程中的算法。Region Grow Options 对话框包含 3 种算法（3 个复选框）。

Include Island Polygons：以岛的形式剔除不符合条件的像元；在种子扩展过程中可能会有些不符合条件的像元被符合条件的像元包围，该算法将剔除这些像元。

Update Region Mean：重新计算种子平均值。不选则一直以原始种子的值为均值。

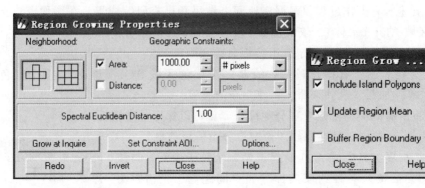

图 10.13 Region Growing Properties 对话框和 Region Grow Options 对话框

Buffer Region Boundary：对 AOI 产生缓冲区，该设置在选择 AOI 编辑 DEM 数据时比较有用，可以避免高程的突然变化。

在本例中选择前两项算法，以上将种子扩展特性设置完成，下面将使用种子扩展工具生成 AOI。

在 germtm. img 图像的工具条，单击"Tool"图标，打开 Raster 工具面板（见图 10.12）。

在 germtm. img 图像的菜单条，单击"Raster→ Tools"命令，打开 Raster 工具面板。

下面的操作将在 Raster 工具面板、图像窗口和 Signature Editor 对话框三者之间交替进行。

1）在 Raster 工具面板单击图标，进入扩展 AOI 生成状态。

2）在图像窗口中选择红色区域（林地），单击确定种子像元。

3）系统将依据所定义的区域扩展条件自动扩展生成一个 AOI。

4）如果生成的 AOI 不符合需要，可以修改 Region Growing Properties 参数，直到符合为止；如果对所生成的 AOI 比较满意，则继续进行下面的操作。

5）在 Signature Editor 对话框，单击"Create New Signature"图标。

6）将扩展 AOI 区域加载到 Signature 分类模板属性表。

7）重复上述两步操作过程，选择图像中属性相同的多个红色区域单击生成若干扩展 AOI，并将其作为模板依次加入到 Signature Editor 分类模板属性表中。

8）按住 Shift 键，同时在 Signature Editor 分类模板属性表中依次单击选择"Class ♯"字段下面的分类编号，将上面加入的多个红色区域扩展 AOI 模板全部选定。

9）在 Signature Editor 工具条，单击"Merge Signature"图标，将多个红色区域 AOI 模板合并，生成一个综合的新模板，其中包含了合并前的所有模板像元属性。

10）在 Signature Editor 菜单条，单击"Edit→ Delete"命令，删除合并前的多个模板。

11）在 Signature Editor 属性表，改变合并生成的分类模板的属性：包括名称与颜色分类名称（Signature Name）：Forest/颜色（Color）：红色。

12）重复上述所有操作过程，在图像窗口选择多个黑色区域定义种子像元，自动生成扩展 AOI（水体），依次加载到 Signature Editor 分类属性表，并执行合并生成综合的水体分类模板，然后确定分类模板名称和颜色。

13）同样重复上述所有操作过程，绘制多个蓝色区域 AOI（建筑）、多个绿色区域 AOI（农田）等，加载、合并、命名，建立新的模板。

14）如果将所有的类型都建立了分类模板的话，就可以保存分类模板。

（3）应用查询光标扩展方法获取分类模板信息。本方法与第 2 种方法大同小异，只不过第 2 种方法是在选择扩展工具后，用单击的方法在图像上确定种子像元，而本方法是要用查询光标确定种子像元。种子扩展的设置与第 2 种方法完全相同。

在 germtm. img 图像的菜单条，单击 "AOI → Seed Properties" 命令，打开 Region Growing Properties 对话框（见图 10.13 左）。

在 germtm. img 图像的工具条，单击 "Inquire Cursor" 图标➕，打开 Viewer 对话框（见图 10.14）。同时图像窗口出现相应的十字查询光标，十字交点可以准确定位一个种子像元。

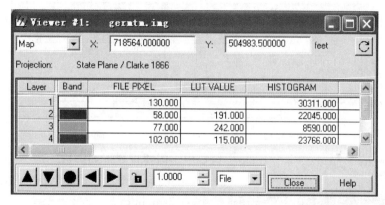

图 10.14　Viewer 对话框

在 germtm. img 图像的工具条，单击 "Utility→Inquire Cursor" 命令，打开 Viewer 对话框。同时图像窗口出现相应的十字查询光标，十字交点可以准确定位一个种子像元。

下面的操作将在 Region Growing Properties 对话框、图像窗口或 Inquire Cursor 对话框、Signature Editor 对话框三者之间交替进行。

1）在显示 germtm. img 图像窗口，将十字查询光标交点移动到种子像元上，Inquire Cursor 对话框中光标对应像元的坐标值与各波段数值相应变化。

2）单击 Region Growing Properties 对话框左下部的 "Grow at Inquire" 按钮。

3）germtm. img 图像窗口中自动产生一个新的扩展 AOI。

4）在 Signature Editor 对话框中单击 "Create New Signature" 图标➕.

5）将扩展 AOI 区域加载到 Signature 分类模板属性表中。

6）重复上述操作，参见第 2 种方法继续进行，直到生成分类模板文件。

（4）在特征空间图像中应用 AOI 工具产生分类模板。特征空间图像是依据需要分类的原图像中任意两个波段值分别作横、纵坐标轴形成的图像。

前面所讲的在原图像上应用 AOI 区域产生分类模板是参数型模板，而在特征空间

167

（Feature Space）图像上应用 AOI 工具产生分类模板则属于非参数型模板（Non-Parametric）。在特征空间图像中应用 AOI 工具产生分类模板的基本操作是：生成特征空间图像、关联原始图像与特征空间图像，确定图像类型在特征空间的位置，在特征空间图像绘制 AOI 区域，将 AOI 区域添加到分类模板中，具体操作过程如下：

1）在 Signature Editor 窗口菜单条，单击"Feature→Create→Feature Space Layers"命令，打开 Create Feature Space Images 窗口（见图 10.15）。

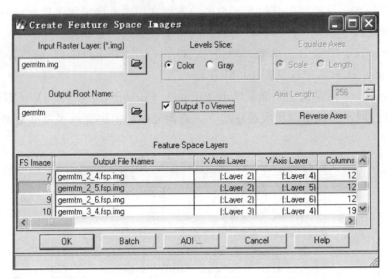

图 10.15　Create Feature Space Images 窗口

2）在 Create Feature Space Images 窗口中，需要设置下列参数：

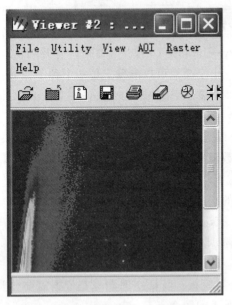

图 10.16　特征空间图像窗口

a. 确定原图像文件名（Input Raster Layer）为 germtm. img。

b. 确定输出图像文件根名（Output Root Name）为 germtm。

c. 选择输出到窗口（Output To Viewer），选中 Output To Viewer 复选框（以便生成的输出特征空间图像将自动在一个窗口中打开）。

d. 确定生成彩色图像，选择 Levels Slice 选项组中的 Color 单选按钮（即使产生黑白图像，也可以随后通过修改属性表而改为彩色）。

e. 在 Feature Space Layers 中选择特征空间图像为 germtm _ 2 _ 5. fsp. img（germtm _ 2 _ 5. fsp. img 是由第 2 波段和第 5 波段生成的特征空间图像）。

系统根据设置的属性生成特征空间图像（见图 10.16）。

说明：在如图 10.15 所示的 Create Feature Space Images 对话框 Feature Space Layers 表中，列出了 germtm. img 所有 6 个波段两两组合生成特征空间图像的文件名。这些特征空间图像的文件名是由用户在对话框中输入的文件根名以及该图像所使用的波段数组成的，如文件根名为 germtm，而使用的波段数为 2 和 5，则该特征空间图像的文件名为 germtm_2_5. fsp. img（其中 fsp 为 feature space 之意）。两个波段数字哪个在前表示产生的图像 X 轴为哪个波段的值，这个顺序可以通过单击 Create Feature Space Images 对话框右中部的 Reverse Axes 按钮进行反转。

3）产生了特征空间图像后，需要将特征空间图像窗口与原图像窗口联系起来，从而分析原图像上的水体在特征空间图像上的位置。在 Signature Editor 窗口菜单条，单击"Feature→View →Linked Cursors"命令，打开 Linked Cursors 对话框（见图 10.17）。

4）在 Linked Cursors 对话框中，可以选择原图像将与哪个窗口中的特征空间图像关联，以及在原图像上和特征空间图像上的十字光标的颜色等参数，并确定原始图像中的水体在特征空间图像中的位置范围。在 Linked Cursors 对话框中，进行下列参数设置：

a. 在 Viewer 微调框中输入"2" （因为 germtm_2_5. fsp. img 显示在 Viewer ♯2 中）也可以单击"Select"按钮，再根据系统提示用鼠标在显示特征空间图像 germtm_2_5. fsp. img 的窗口中单击一下，此时，Viewer 微调框中将出现正确的窗口编号"2"。如果在多个窗口中显示了多幅特征空间图像，也可以选中 All Feature Space Viewers 复选框使原图像与所有的特征空间图像关联起来。

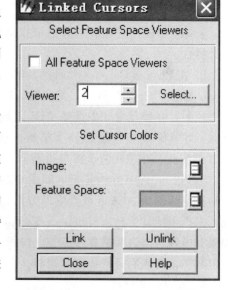

图 10.17　Linked Cursors 对话框

b. 设置查询光标的显示颜色（Set Cursor Colors），包括窗口图像与特征空间图像窗口图像查询光标的显示颜色 Image，在 As Is 色表选择红色。特征空间图像查询光标的显示颜色 Feature Space，在 As Is 色表选择蓝色。

c. 单击"Link"按钮，两个窗口关联起来，两个窗口中的查询光标将同时移动。

例如在 Viewer ♯1（显示原始图像）中拖动十字光标在水体上移动，查看像元在特征空间图像（Viewer ♯2）中的位置，从而确定水体在特征空间图像中的范围。

以上操作不仅生成了特征空间图像，并将其显示在 Viewer ♯2 中，而且建立了原始图像与特征空间图像之间的关联关系，进一步确定了原始图像中水体在特征空间图像中的位置范围。下面将通过在特征空间图像上绘制水体所对应的 AOI 多边形，建立水体分类模板等。

5）显示 germtm_2_5. fsp. img 特征空间图像的菜单条。单击"AOI ｜ Tools"命令，打开 AOI 工具面板。

下面所要进行的在特征空间图像中应用 AOI 工具产生分类模板的操作，需要在 AOI

工具面板、特征空间图像窗口、原始图像窗口以及 Signature Editor 对话框之间交替进行。

a. 在 Viewer♯1（显示原始图像）中拖动十字光标在建筑物上移动，查看像元在特征空间图像（Viewer♯2）中的位置，从而确定建筑物在特征空间图像中的范围。

b. 在 AOI 工具面板单击图标，进入多边形 AOI 绘制状态。

c. 在特征空间图像窗口中选择与水体对应的区域，绘制一个多边形 AOI。

d. 在 Signature Editor 对话框工具条，单击"Create New Signature"图标，将多边形 AOI 区域加载到 Signature Editor 分类模板属性表中。

e. 在 Signature Editor 属性表，改变水体分类模板的属性，包括名称与颜色分类名称 Signature Name：Water/颜色（Color）为深蓝色。

f. 重复上述步骤，获取更多的分类模板信息。当然，不同的分类模板信息需要借助不同波段生成的不同的特征空间图像来获取。

g. 在 Signature Editor 对话框菜单条，单击"Feature→Statistics"命令，生成 AOI 统计特性。

h. 在 Linked Cursors 对话框，单击"Unlink"按钮，解除关联关系。

i. 单击"Close"按钮，关闭对话框。

说明：在特征空间中选择 AOI 区域时要力求准确，绝对不可以大概绘制，只有做到准确，才能够建立科学的分类模板，获得精确的分类结果。为了保证特征空间中绘制 AOI 的精度，在关联两个窗口进行观察时，可以在特征空间图像与水体对应的像元上产生一系列点状 AOI 作为标记，随后绘制 AOI 多边形时，将这些点都准确地包含进去。基于特征空间图像 AOI 区域产生的分类模板，本身并不包含任何统计信息，必须重新进行统计来产生统计信息。Signature Editor 对话框分类模板属性表中有一个名为 FS 的字段，如果其内容为空表明是非特征空间模板，如果其内容是由代表图像波段的两个数字组成的一组数字，则表明是特征空间模板。

5. 保存分类模板

分别用不同方法产生了分类模板，现在需要将分类模板保存起来，以便随后依据分类模板进行监督分类。

在 Signature Editor 窗口菜单条，单击"File → Save"命令。打开 Save Signature File As 对话框，保存分类模板。

10. 2. 4. 2 评价分类模板

分类模板建立后，就可以对其进行评价（Evaluating）、删除、更名、与其他分类模板合并等操作。分类模板的合并可使用户应用来自不同训练方法的分类模板进行综合分类，这些模板训练方法包括监督、非监督、参数化和非参数化。

本节将要讨论的分类模板评价工具包括：分类预警（Alarms）、可能性矩阵（Contingency Matrix）、特征对象（Feature Objects）、特征空间到图像掩膜（Feature Space to Image Masking）、直方图方法（Histograms）、分离性分析（Separability）和分类统计分析（Statistics）等。当然，不同的评价方法各有不同的应用范围，例如不能用分离性分析对非参数化（由特征空间产生）的分类模板进行评价，而且要求分类模板中至少应具有 5

个以上的类别。

1. 分类预警评价

分类预警评价是根据平行六面体分割规则（Parallelepiped Division Rule）进行判断，并依据那些属于或可能属于某一类别的像元生成一个预警掩膜，然后叠加在图像窗口显示，以示预警，一次预警评价可以针对一个类别或多个类别进行，如果没有在 Signature Editor 中选择类别，那么当前活动类别（Signature Editor 中 ">" 符号旁边的类别）就被用于进行分类预警。本功能需要经过下述 3 步操作。

（1）产生分类预警掩膜。在 Signature Editor 窗口进行以下操作：

1）选择某一类或者某几类模板。

2）单击 "View→Image Alarm" 命令。

3）打开 Signature Alarm 对话框（见图 10.18）。

4）选中 Indicate Overlap 复选框，使同时属于两个及以上分类的像元叠加预警显示。

5）在 Indicate Overlap 复选框后面的色框中设置像元叠加预警显示的颜色：红色。

6）单击 "Edit Parallelepiped Limits" 按钮。

7）打开 Limits 对话框（见图 10.19）。

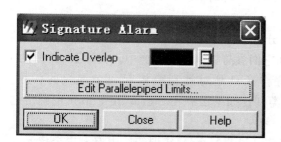

图 10.18　Signature Alarm 对话框

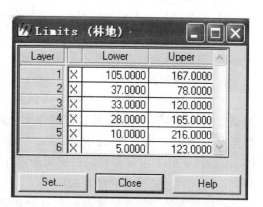

图 10.19　Limits 对话框

8）单击 Limits 对话框的 "Set" 按钮。

9）打开 Set Parallelepiped Limits 对话框（见图 10.20）。

10）设置计算方法 Method 为 Minimum / Maximum。

11）选择使用当前模板 Signatures 为 Current。

12）单击 "OK" 按钮，关闭 Set Parallelepiped Limits 对话框。

13）返回 Limits 对话框。

14）单击 "Close" 按钮，关闭 Limits 对

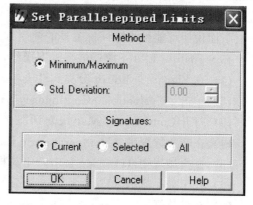

图 10.20　Set Parallelepiped Limits 对话框

话框。

15）返回 Signature Alarm 对话框。

16）单击"OK"按钮，执行分类预警评价，形成预警掩膜，掩膜的颜色与模板颜色一致。

17）单击"Close"按钮，关闭 Signature Alarm 对话框。

（2）查看分类预警掩膜。可以应用图像叠加显示功能，如闪烁显示、混合显示、卷帘显示等，来查看分类预警掩膜与图像之间的关系，具体操作方法参见前面非监督分类中分类方案调整的第 5 步。

（3）删除分类预警掩膜。在菜单条单击"View→Arrange Layers"命令，打开 Arrange Layers 对话框。

1）右击 Alarm Mask 报警掩膜图层。

2）弹出 Layer Options 快捷菜单。

3）单击"Delete Layer"命令。

4）Alarm Mask 图层被删除。

5）单击"Apply"按钮，应用图层删除操作。

6）提示"Save Changes Before Closing?"

7）单击"否"按钮。

8）单击"Close"按钮，关闭 Arrange Layers 对话框。

2. 可能性矩阵

可能性矩阵评价工具是根据分类模板，分析 AOI 训练区的像元是否完全落在相应的类别之中。通常都期望 AOI 区域的像元分到它们参与训练的类别当中，实际上 AOI 中的像元对各个类都有一个权重值，AOI 训练样区只是对类别模板起一个加权的作用。Contingeney Matrix 工具可同时应用于多个类别，如果没有在 Signature Editor 中确定选择集，则所有的模板类别都将被应用。

可能性矩阵的输出结果是一个百分比矩阵，说明每个 AOI 训练区中有多少个像元分别属于相应的类别。AOI 训练样区的分类可应用下列几种分类原则：平行六面体（Panallelepiped）、特征空间（Feature Space）、最大似然（Maximum Likelihood）以及马氏距离（Mahalanobis Distance）。

下面说明可能性矩阵评价工具的使用方法。

在 Signature Editor 窗口进行以下操作：

（1）在 Signature Editor 分类属性表中选择所有类别。

（2）单击"Evaluation→Contingency"命令。

（3）打开 Contingency Matrix 对话框（见图 10.21）。

（4）在非参数规则（Non-parametric Rule）下拉框选择：Feature Space。

（5）在叠加规则（Overlap Rule）下拉框选择：Parametric Rule。

（6）在未分类规则（Unclassified Rule）下拉框选择：Parametric Rule。

（7）在参数规则（Parametric Rule）下拉框选择：Minimum Distance。

（8）选择像元总数作为评价输出统计：Pixel Counts。

（9）单击"OK"按钮，关闭 Contingency Matrix 对话框，计算分类误差矩阵。

（10）打开 IMAGINE 文本编辑器，显示分类误差矩阵。

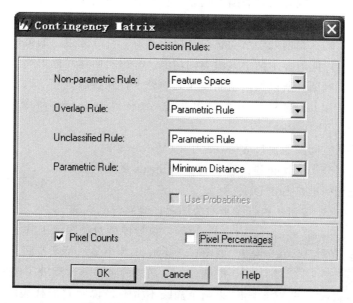

图 10.21 Contingency Matrix 对话框

3. 分类图像掩膜

只有产生于特征空间的 Signature 才可使用本工具，使用时可以基于一个或者多个特征空间模板。如果没有选择集，则当前处于活动状态（位于"＞"符号旁边）的模板将被使用。如果特征空间模板被定义为一个掩膜，则图像文件会对该掩膜下的像元作标记，这些像元在窗口中也将被高亮度显示出来，因此可以直观地知道哪些像元将被分在特征空间模板所确定的类列之中。必须注意，在本工具使用过程中窗口中的图像必须与特征空间图像相对应。

下面介绍本工具的使用过程。

在 Signature Editor 窗口进行以下操作：

（1）在分类模板属性表中选择要分析的特征空间分类模板。

（2）单击"Feature → Masking→Feature Space to Image"命令。

（3）打开 FS to Image Masking 对话框（见图 10.22）。

（4）选中 Indicate Overlap 复选框。

（5）单击"Apply"按钮，应用参数设置，产生分类掩膜。

（6）单击"Close"按钮，关闭 FS to Image Masking 对话框。

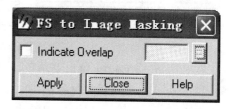

图 10.22 FS to Image Masking 对话框

（7）图像窗口中生成被选择的分类图像掩膜。

（8）通过图像叠加显示功能评价分类模板。

4. 模板对象图示

模板对象图示工具可以显示各个类别模板（无论是参数型还是非参数型）的统计图，以便比较不同的类别。统计图以椭圆形式显示在特征空间图像中，每个椭圆都是基于类别的平均值及其标准差。可以同时产生一个类别或多个类别的图形显示。如果没有在模板编辑器中选择类别，那么当前处于活动状态（位于">"符号旁边）的类别就被应用。模板对象图示工具还可以同时显示两个波段类别均值、平行六面体和标识等信息。由于是在特征空间图像中绘制椭圆，所以特征空间图像必须处于打开状态。

在 Signature Editor 窗口菜单条，单击 Feature ｜ Objects 命令，打开 Signature Objects 对话框（见图 10.23）。

（1）确定特征空间图像窗口 Viewer 为 2（Viewer＃2）。

（2）确定绘制分类统计椭圆，选中 Plot Ellipses 复选框。

（3）确定统计标准差 Std. Dev. 为 4。

（4）单击"OK"按钮，执行模板对象图示，绘制分类椭圆。

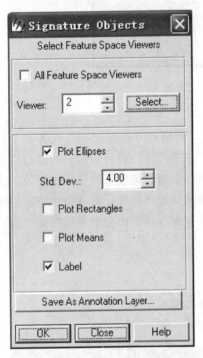

图 10.23　Signature Objects 对话框

说明：执行模板对象图示工具之后，特征空间图像窗口 Viewer＃2 中显示特征空间及所选类别的统计椭圆，这些椭圆的重叠程度反映了类别的相似性。如果两个椭圆不重叠，说明它们代表相互独立的类型，这正是分类所需要的。但是，重叠是肯定有的，因为几乎没有完全不同的类别；如果两个椭圆完全重叠或重叠较多，则这两个类别是相似的，对分类而言，这是不理想的。

5. 直方图绘制

直方图绘制工具通过分析类别的直方图对模板进行评价和比较，本功能可以同时对一个或多个类别制作直方图，如果处理对象是单个类别（选择 Single Signature），那就是当前活动类别（位于">"符号旁边的那个类别），如果是多个类别的直方图，那就是处于选择集中的类别。

要执行分类模板直方图绘制工具，首先需要在 Signature Editor 对话框的分类模板属性表中选定某一或者某几个类别，然后按照下列操作完成直方图绘制。

在 Signature Editor 窗口菜单条，单击"View→Histograms"命令，打开 Histogram Plot Control Panel 对话框（见图 10.24）。

在 Histogram Plot Control Panel 对话框中，需要设置下列参数：

（1）确定分类模板数量（Signatures）：Single Signature。

（2）确定分类波段数量（Bands）：Single Band。

（3）确定应用哪个波段（Band No）：1。

单击"Plot"按钮，绘制分类直方图。

显示绘制的分类直方图（见图 10.25）。

说明：通过选择不同类别、不同波段绘制直方图，可以分析类别的特征。显示出一个图像层的直方图后，如果在 Signature Editor 窗口中将不同的 Signature 置于活动状态（如果选中了 Single Signature 复选框），则图形将立即显示不同模板的直方图。当然也可以在 Histogram Plot Control Panel 中作调整并且单击"Plot"按钮，以实现直方图反映内容变化。

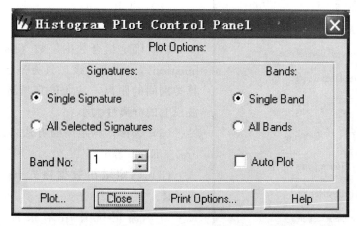

图 10.24 Histogram Plot Control Panel 对话框

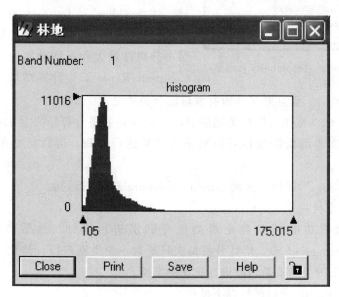

图 10.25 林地类第 1 波段的直方图

6. 类别的分离性

类别的分离性工具用于计算任意类别间的统计距离，这个距离可以确定两个类别间的差异性程度，也可用于确定在分类中效果最好的数据层。类别间的统计距离是基于下列方法计算的：欧氏光谱距离、Jeffries-Matusta 距离、分类的分离度（Divergence）和转换分

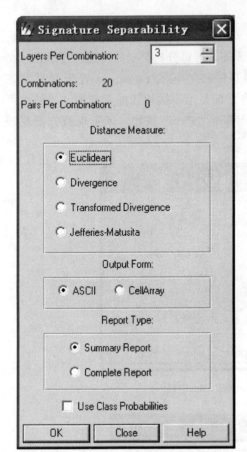

图 10.26　Signature Separability 对话框

离度（Transformed Divergence）。类别的分离性工具可以同时对多个类别进行操作，如果没有选择任何类别，则它将对所有的类别进行操作。

在 Signature Editor 窗口进行以下操作：

（1）选定某一或者某几个类别。

（2）单击"Evaluate →Separability"命令。

（3）打开 Signature Separability 对话框（见图 10.26）。

（4）确定组合数据层数（Layers Per Combination）：3（表示该工具将基于 3 个波段来计算类别间的距离，从而确定所选择类别在 3 个波段上的分离性大小）。

（5）选择计算距离的方法（Distance Measure）：Euclidean。

（6）确定输出数据格式（Output Form）：ASCII。

（7）确定统计结果报告方式（Report Type）：Summary Report（系统提供了两种选择：选择 Summary Report，则计算结果只显示分离性最好的两个波段组合的情况，分别对应最小分离性最大和平均分离性最大；如果选择 Complete Report，则计算结果不仅显示分离性最好的两个波段组合，而且要显示所有波段组合的情况）。

（8）单击"OK"按钮（执行类别的分离性计算，并将计算结果显示在 ERDAS 文本编辑器窗口，在文本编辑器窗口可以对报告结果进行分析，可以将结果保存在文本文件中）。

（9）单击"Close"按钮，关闭 Signature Separability 对话框。

7. 类别统计分析

类别统计分析功能可以首先对类别专题层进行统计，然后做出评价和比较（Evaluations&Comparisons）。统计分析每次只能对一个类别进行，即位于"＞"符号旁边的处于活动状态的类别就是当前进行统计的类别。

在 Signature Editor 窗口进行以下操作：

（1）把要进行统计的类别置于活动状态（单击该类的"＞"字段）。

（2）在菜单条单击"View→ Statistics"命令（或者在工具条中单击 $\sum$ 图标）。

（3）打开 Statistics 窗口（如图 10.27 所示统计信息，如 Mininum、Maximum、Mean、Std. Dev. 及 Covariance）。

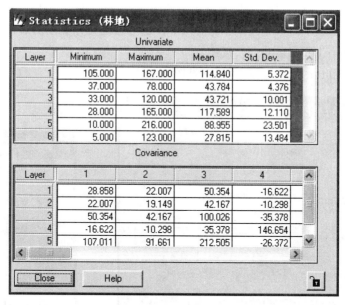

图 10.27　Statistics 窗口

10.2.4.3　执行监督分类

监督分类实质上就是依据所建立的分类模板、在一定的分类决策规则条件下，对图像像元进行聚类判断的过程。在监督分类过程中，用于分类决策的规则是多类型、多层次的，如对非参数分类模板有特征空间、平行六面体等方法，对参数分类模板有最大似然法、Mahalanobis 距离法、最小距离法等方法。当然，非参数规则与参数规则可以同时使用，但要注意应用范围，非参数规则只能应用于非参数型模板，而对于参数型模板，要使用参数型规则。另外，如果使用非参数型模板，还要确定叠加规则（Overlap Rule）和未分类规则（Unclassified Rule）。下面是执行监督分类的操作过程：

（1）在 ERDAS 图标面板菜单条，单击"Main→Image Classification"命令，打开 Classification 对话框。在 ERDAS 图标面板工具条，单击"Classifier →Classification→ Supervised Classification"命令，打开 Supervised Classification 对话框（见图 10.28）。

（2）在 Supervised Classification 对话框中，需要确定下列参数：

1）确定输入原始文件（Input Raster File）：germtm. img。

2）定义输出分类文件（Classified File）：Germtm_superclass. img。

3）确定分类模板文件（Input Signature File）：Germtm. sig。

4）选择分类距离文件（Distance File）：用于分类结果进行阈值处理。

5）定义分类距离文件（Filename）：Germtm_distance. img。

6）选择非参数规则（Non-parametric Rule）：Feature Space。

7）选择叠加规则（Overlap Rule）：Parametric Rule。

8）选择未分类规则（Unclassified Rule）：Parametric Rule。

9）选择参数规则（Parametric Rule）：Minimum Distance。

10）取消选中（Classify zeros）复选框，分类过程中是否包括 0 值。

（3）单击"OK"按钮，执行监督分类，关闭 Supervised Classification 对话框。

（4）在 Supervised Classification 对话框中，还可以定义分类图的属性表项目：

1）单击"Attribute Options"按钮。

2）打开 Attribute Options 对话框（见图10.29）。

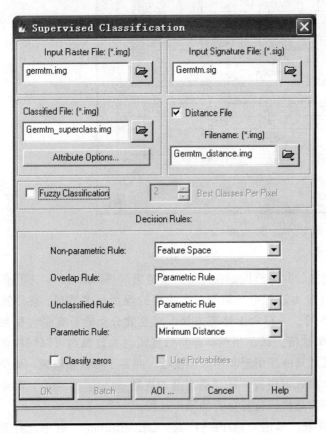

图 10.28 Supervised Classification 对话框

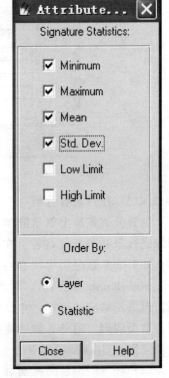

图 10.29 Attribute Options 对话框

3）在 Attribute Options 对话框上进行选择。

4）单元"OK"按钮，关闭 Attribute Options 对话框。

5）返回 Supervised Classification 对话框。

通过 Attribute Options 对话框，可以确定模板的哪些统计信息将被包括在输出的分类图像层中。这些统计值是基于各个层中模板对应的数据计算出来的，而不是基于被分类的整个图像。

10.3 分 类 后 处 理

10.3.1 基础知识

无论是非监督分类还是监督分类，都是按照图像光谱特征进行聚类分析的，因此，都带有一定的盲目性。所以，对获得的分类结果需要再进行一些处理工作，才能得到最终相对理想的分类结果，这些处理操作统称为分类后处理。主要包括分类叠加（classification overlap）、阈值处理（thresholding）、分类重编码（recode classes）、分类精度评估（accuracy assessment）等。

10.3.2　实训目的和要求

了解并掌握遥感图像分类后处理的方法与过程。

10.3.3　实训内容

（1）分类叠加。

（2）阈值处理。

（3）分类重编码。

（4）分类精度评估。

10.3.4　实训指导

10.3.4.1　分类叠加

分类叠加就是将分类图像与原始图像同时在一个窗口中打开，将分类专题层置于上层，通过改变分类专题层的透明度及颜色等属性，查看分类专题与原始图像之间的关系。对于非监督分类结果，通过分类叠加方法来确定类别的专题特性、并评价分类结果。对监督分类结果，该方法只是查看分类结果的准确性。本方法的具体操作过程参见非监督分类"分类方案的调整"中第 5 步。

10.3.4.2　阈值处理

阈值处理方法可以确定哪些像元最可能没有被正确分类，从而对监督分类的初步结果进行优化。用户可以对每个类别设置一个距离阈值，将可能不属于它的像元（在距离文件中的值大于设定阈值的像元）筛选出去，筛选出去的像元在分类图像中将被赋予另一个分类值。下面讲述本方法的应用步骤。

1. 显示分类图像并启动阈值处理

首先需要在窗口中打开分类后的专题图像，然后启动阈值处理功能：

（1）在 ERDAS 图标面板菜单条，单击"Main→ Image Classification→Classification"命令。

（2）在 ERDAS 图标面板工具条，单击"Classifier→Classification→Threshold"命令，打开 Threshold 窗口（见图 10.30）。

2. 确定分类图像和距离图像

在 Threshold 窗口菜单条，单击"File→Open"命令，打开 Open Files 对话框（见图 10.31）。

在 Open Files 对话框进行以下操作：

（1）确定专题分类图像（Classified Image）：germtm_superclass. img。

（2）确定分类距离图像（Distance Image）：germtm_distance. img。

（3）单击"OK"按钮，关闭 Open Files 对话框。

（4）返回 Threshold 窗口。

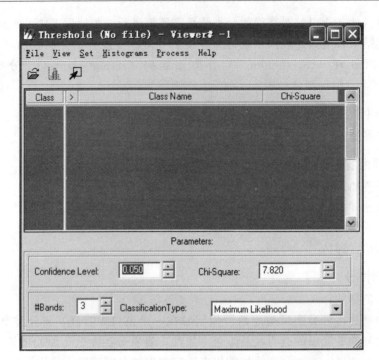

图 10.30　Threshold 窗口

图 10.31　Open Files 对话框

3. 视图选择及直方图计算

（1）在 Threshold 窗口菜单条，单击"View→Select Viewer"命令，单击显示分类专题图像的窗口。

（2）在 Threshold 窗口菜单条，单击"Histogram→Compute"命令（计算各个类别的距离直方图，如果需要的话，该直方图可通过 Threshold 窗口菜单条单击"Histogram → Save"而保存为一个模板文件 *.sig 文件）。

4. 选择类别并确定阈值

在 Threshold 窗口的分类属性表格中，选择专题类别。

（1）移动 ">" 符号到指定的专题类别旁边。

（2）在菜单条单击 "Histograms→View" 命令。

（3）选定类别的 Distance Histogram 被显示出来（见图 10.32）。

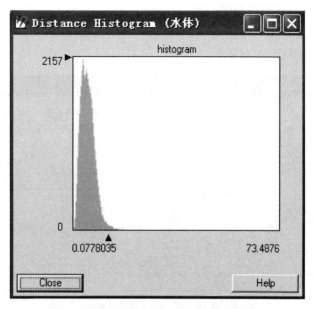

图 10.32 Distance Histogram 窗口

（4）拖动 Histogram X 轴上的箭头到想设置为阈值的位置，Threshold 窗口中的 Chi-square值自动发生变化，表明该类别的阈值设定完毕。

（5）重复上述步骤，依次设定每一个类别的阈值。

5. 显示阈值处理图像

（1）在 Threshold 窗口菜单条，单击 "View→View Colors→Default Colors" 命令（进行环境设置。选择默认色彩是将阈值以外的像元显示成黑色，而将属于分类阈值之内的像元以类别颜色显示）。

（2）单击 "Process →To Viewer" 命令。

（3）阈值处理图像将显示在分类图像之上，即形成一个阈值掩膜。

6. 观察阈值处理图像

参照非监督分类中 "分类方案的调整" 第 5 步的方法将阈值处理图像设置为 Flicker 闪烁状态，或者按照混合方式、卷帘方式进行叠加显示，以便直观查看处理前后的变化。

7. 保存阈值处理图像

在 Threshold 窗口菜单条进行以下操作。

（1）单击 "Process→To File" 命令。

（2）打开 Threshold to File 对话框。

（3）在 Output Image 中确定要产生的文件的名字和目录。

（4）单击 "OK" 按钮。

10. 3. 4. 3 分类重编码

对分类图像像元进行了分析之后，可能需要对原来的分类重新进行组合（如将林地 1 与林地 2 合并为林地），给部分或所有类别以新的分类值，从而产生一个新的分类专题层，这就需要借助分类重编码功能来完成。

在 ERDAS 图标面板菜单条，单击 "Main→Image Interpreter→GIS Analysis→Recode" 命令，打开 Recode 对话框（见图 10.33）。

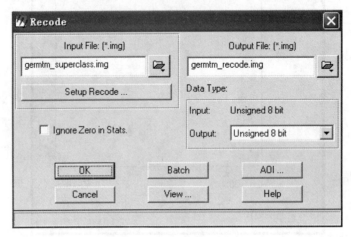

图 10.33 Recode 对话框

在 ERDAS 图标面板工具条，单击 "Interpreter →GIS Analysis→Recode" 命令，打开 Recode 对话框。在 Recode 对话框中，需要确定下列参数：

（1）确定输入文件（Input File）：germtm_superclass.img。

（2）定义输出文件（Output File）：germtm_recode.img。

（3）设置新的分类编码（Setup Recode），单击 "Setup Recode" 按钮。

（4）打开 Thematic Recode 表格（见图 10.34）。

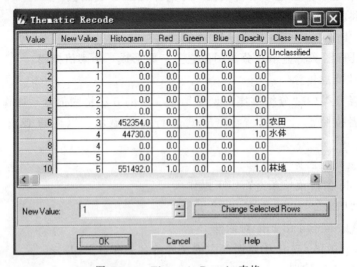

图 10.34 Thematic Recode 表格

（5）根据需要改变 New Value 字段的取值（直接输入），在本例中将原来的 10 类依次两两合并，形成 5 类（见图 10.34）。

（6）单击"OK"按钮，关闭 Thematic Recode 表格，完成新编码输入。

（7）确定输出数据类型（Output）：Unsigned 8 bit。

（8）单击"OK"按钮，关闭 Recode 对话框，执行图像重编码，输出图像将按照 New value 变换专题分类图像属性，产生新的专题分类图像。

可以在窗口中打开重编码后的专题分类图像，查看其分类属性表。

在菜单条单击"File→Open →Raster Layer"命令，选择 germtm_recode. img 文件。

在菜单条单击"Raster → Attributes"命令，打开 Raster Attribute Editor 属性表（见图 10.35）。

对比图 10.34 分类属性表和图 10.35 分类属性表，特别是其中 Histogram 字段的数值，会发现两者之间的联系与区别。

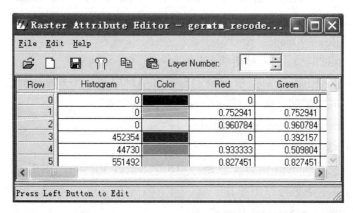

图 10.35　Raster Attribute Editor 属性表

10.3.4.4　分类精度评估

分类精度评估是将专题分类图像中的特定像元与已知分类的参考像元进行比较，实际工作中常常是将分类数据与地面真值、先前的试验地图、航空像片或其他数据进行对比。下面是具体的操作过程。

1. 打开分类前原始图像

在 Viewer 中打开分类前的原始图像，以便进行精度评估。

2. 打开精度评估对话框

在 ERDAS 图标面板菜单条，单击"Main→Image Classification→Classification→Accuracy Assessment"命令。

在 ERDAS 图标面板工具条，单击"Classifier→Classification→Accuracy Assessment"命令，打开 Accuracy Assessment 窗口（见图 10.36）。

如图 10.36 所示，Accuracy Assessment 窗口由菜单条、工具条和精度评估矩阵（Accuracy Assessment Cellarray）3 部分组成。其中，精度评估矩阵中将包含分类图像若干像元的几个参数和对应的参考像元的分类值，该矩阵值可以使用户对分类图像中的特定像元与作为参考的已知分类的像元进行比较，参考像元的分类值是用户自己输入的，矩阵

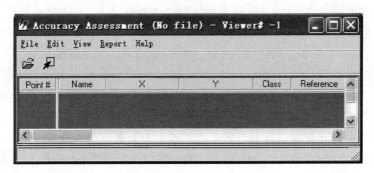

图 10.36　Accuracy Assessment 窗口

数据保存在分类图像文件中。

3. 打开分类专题图像

在 Accuracy Assessment 窗口工具条，单击"Open File"图标📂，或在 Accuracy Assessment 窗口菜单条进行以下操作：

(1) 单击"File → Open"命令。

(2) 打开 Classified Image 对话框。

(3) 在 Classified Image 对话框中确定与窗口中对应的分类专题图像。

(4) 单击"OK"按钮，关闭 Classified Image 对话框。

(5) 返回 Accuracy Assessment 窗口。

4. 连接原始图像与精度评估窗口

在 Accuracy Assessment 窗口工具条，单击"Select Viewer"图标📍，或在 Accuracy Assessment 窗口菜单条进行以下操作：

(1) 单击"View → Select Viewer"命令。

(2) 将光标移在显示原始图像的窗口中单击一下。

(3) 原始图像窗口与精度评估窗口相连接。

5. 设置随机点的色彩

在 Accuracy Assessment 窗口菜单条进行以下操作：

(1) 单击"View → Change colors"命令。

(2) 打开 Change colors 对话框（见图 10.37）。

(3) 在 Points with no reference 文本框确定没有真实参考值的点的颜色。

(4) 在 Points with reference 文本框确定有真实参考值的点的颜色。

(5) 单击"OK"按钮（执行参数设置）。

(6) 返回 Accuracy Assessment 对话框。

6. 产生随机点

本操作将首先在分类图像中产生一些随机的点，并需要用户给出随机点的实际类别，然后与分类图像的类别进行比较。

在 Accuracy Assessment 菜单条进行以下

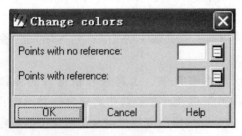

图 10.37　Change colors 对话框

操作：

(1) 单击"Edit→Create/Add Random Points"命令。

(2) 打开 Add Random Points 对话框（见图 10.38）。

(3) 在 Search Count 微调框中输入"1024"。

(4) 在 Number of Points 微调框中输入"10"。

(5) 在 Distribution Parameters 选项组中选择"Random"单选按钮。

(6) 单击"OK"按钮（按照参数设置产生随机点）。

(7) 返回 Accuracy Assessment 窗口。

可以看到在 Accuracy Assessment 窗口的数据表中出现了 10 个比较点，每个点都有点号、X/Y 坐标值、Class、Reference 等字段，其中点号、X/Y 坐标值字段是有属性值的。

在 Add Random Points 对话框中，Search Count 是指确定随机点过程中使用的最多分析像元数，当然，这个数目一般都比 Number of Points 大很多。Number of Points 设为 10 说明是产生 10 个随机点，如果是做一个正式的分类评价，必须产生 250 个以上的随机点。选择 Random 意味着将产生绝对随机的点位，而不使用任何强制性规则。Equalized Random 是指每个类将具有同等数目的比较点。Stratified Random 是指点数与类别涉及的像元数成比例，但选择该复选框后可以确定一个最小点数（选择 Use Minimum points），以保证小类别也有足够的分析点。

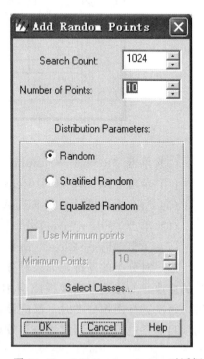

图 10.38　Add Random Points 对话框

7. 显示随机点及其类别

在 Accuracy Assessment 窗口菜单条进行以下操作：

(1) 单击"View→Show All"命令（所有随机点均以第 5 步所设置的颜色显示在窗口中）。

(2) 单击"Edit → Show Class Values"命令（各点的类别号出现在数据表的 Class 字段中）。

8. 输入参考点实际类别

在 Accuracy Assessment 对话框精度评估矩阵。

在 Reference 字段输入各个随机点的实际类别值（只要输入参考点的实际分类值，它在窗口中的色彩就变为第 5 步设置的颜色）。

9. 输出分类评价报告

在 Accuracy Assessment 窗口菜单条进行以下操作：

(1) 单击"Report→ Options"命令。

(2) 分类评价报告输出内容选项（见图 10.39），单击选择参数。

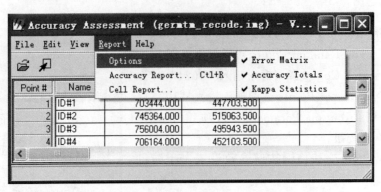

图 10.39 分类评价报告输出内容选项

（3）单击"Report →Accuracy Report"命令（产生分类精度报告）。

（4）单击"Report→Cell Report"命令（报告有关产生随机点的设置及窗口环境）。

（5）所有报告将显示在 ERDAS 文本编辑器窗口，可以保存为文本文件。

（6）单击"File→Save Table"命令（保存分类精度评价数据表）。

（7）单击"File→Close"命令（关闭 Accuracy Assessment 对话框）。

通过对分类的评价，如果对分类精度满意，保存结果；如果不满意，可以进一步做有关的修改。如修改分类模板或应用其他功能进行调整。需要说明的是，从理论和方法上讲，每次进行图像分类时，都应该进行分类精度评估。但是，在实际应用中，可以根据应用项目需要进行多种形式的分类效果评价，而不仅仅是借助上述的分类精度评估。

第11章 遥感专题地图制作

11.1 特征选取与查询

11.1.1 基础知识

遥感图像为栅格数据模型，而 ERDAS 的主要功能也是处理栅格数据。由于栅格数据与矢量数据各有优缺点，因此在 ERDAS 内添加了矢量功能。矢量功能的加入可以使区域的数据库更加完整化，从而支持感兴趣区域（AOI）的选取以及在几何校正中起到了突出作用。ERDAS 的矢量工具是基于 ESRI 的数据模型开发的，所以 ARC/INFO 的矢量图层 Arc Coverage，ESRI 的 Shape 文件和 ESRI SDE 矢量层（Vector Layer）可以不经转换而直接在 ERDAS 中使用，使用方式包括显示、查询、编辑（SDE 矢量层除外）。

11.1.2 实训目的和要求

掌握矢量数据特征选取与查询的方法和步骤。

11.1.3 实训内容

（1）矢量显示。

（2）特征选取与查询。

11.1.4 实训指导

11.1.4.1 矢量显示

1. 图形显示操作

ERDAS IMAGINE 9.2 支持三种矢量文件类型，包括 ARC/INFO 的矢量图层（Coverages），ESRI 的 Shape 文件和 ESRI SDE 矢量层（SDE Vector Layer）。一个矢量图层包括了诸多要素，如点（Label 点、Tic 点、Node 等）、线（Arc）、面（Polygon）、属性、外边框等。通常情况下，Arc Convege 图层包含了所有要素数据，在 View 视窗中可以一次打开所有要素数据；而 Shapefile 的要素数据分别存储在不同图层上，故在 View 视窗中需要分别打开这些数据。

（1）在 View 视窗中，选择"File→Open→Vector Layer"命令，打开 Select Layer To Add 对话框（见图11.1）。

（2）在 Select Layer To Add 对话框中，确定文件类型（File of Type）为 Arc Converage，选择矢量文件 zone88，在 Vector Options 选项卡中，可以定义是否使用符合文件，以及是否清除视窗中已显示的图层等信息。

此外，利用 ERDAS IMAGINE 9.2 也可进行矢量数据间的相互转换。在 ERDAS 主

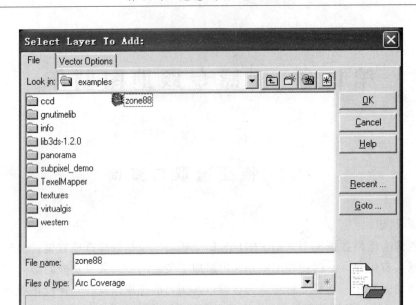

图 11.1 Select Layer To Add 对话框

窗口，选择"Import"图标，打开"Import→Export"对话框，在其中选择输入或输出文件类型，便可实现数据转换。

(3) 单击"OK"按钮，打开矢量图层。

2. 矢量要素符号化显示

(1) 矢量要素显示方式。在 View 视窗中，选择"Vector→Viewing Properties"命令，打开 Properties for zone88 对话框（见图 11.2）；或者单击" "按钮，打开 Vector 工具面板（见图 11.3），单击" "按钮。

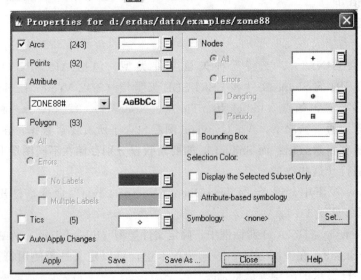

图 11.2 Properties for zone88 对话框

Viewing Properties 的作用有两个：第一，它能根据需要控制是否在图层上显示图层所包含的要素；第二，它可以更改图层上要素的显示特征。

在 Properties for zone88 对话框中，根据需要分别显示各个要素符号并设置其符号特征，并可以将所有特征的显示设置保存为一个符号文件（∗.evs），以便多次调用。

（2）矢量要素细节显示。在 Vector 工具面板中，单击""按钮，打开 zone88 图层的 Symbology 对话框（见图 11.4）。

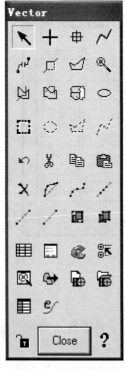

图 11.3　Vector 对话框　　　　图 11.4　Symbology 对话框

Symbology 对话框的 View 菜单中包含 4 个菜单项：Point Symbology、Attribute Symbology、Line Symbology、Polygon Symbology。可以根据所需编辑的矢量要素选择相应菜单项。如图 11.4 所示，Symbology 对话框的 Edit 菜单主要用于手动产生符号及编辑已有符号，而 Automatic 菜单主要用于自动产生符号。

1）在 Symbology 对话框中，选择"Automatic→Unique Value"命令，打开 Unique Value 对话框。

2）在 Attribute Name 选择 Length，选中"Generate New Styles"复选框。

3）单击"Ok"按钮，返回到 Symbology 对话框。

4）单击"Apply"按钮。

5）在 Symbology 对话框中，单击所需修改类的 Symbol 列，选择"As Is→Other"命令，打开 Fill Style Chooser 对话框，可以对符号进行进一步的设计。

189

11.1.4.2　特征选取与查询

1. 查看选择特征属性

(1) 选择特征。在 View 窗口，单击 " ✎ " 按钮，打开 Vector 工具面板，单击 " ✎ " 按钮，在视窗中选择对矢量图层中感兴趣的特征，这里选择 zone88 中的一条线状要素。

(2) 查看特征属性。单击 Vector 工具面板的 " ▦ " 按钮，打开矢量图层的属性表（见图 11.5），并在 View 菜单中选择与视窗中感兴趣特征相应的要素类型。

或者单击 Vector 工具面板的 " ▦ " 按钮，也可对所选中要素进行属性特征的查询。

Record	AREA	PERIMETER	ZONE88#	ZONE88-ID	ZONING
1	-470535232.000	120641.367	1	0	0
2	18165996.000	22991.404	2	1	3
3	20490174.000	30434.029	3	2	2
4	39786940.000	48641.965	4	3	23
5	55378640.000	47938.059	5	4	15
6	3267097.500	10388.367	6	5	1
7	2791427.000	7177.106	7	6	1
8	12369503.000	20993.100	8	7	4
9	4282449.500	10005.494	9	8	8
10	9044407.000	24284.061	10	9	7
11	70444104.000	106172.047	11	10	4
12	72101.367	1212.358	12	11	21
13	2407814.250	6937.226	13	12	22
14	567419.125	3078.611	14	13	13
15	625020.875	3926.702	15	14	16

图 11.5　Attributes for zone88 对话框

2. 特征选取

(1) 选取工具选择特征。

1) 在 View 视窗中，单击 " ✎ " 按钮，打开 Vector 工具面板，单击 " ▦ " 按钮，打开矢量图层 Options 对话框，分别对其进行设置（见图 11.6）。

矢量图层 Options 对话框中有多个设置项，表 11.1 是对这些设置项的简介。

表 11.1　　　　　　　　　　矢量图层 Options 对话框设置项简介

设置项	项功能简介
Node Snap	是为弧段的 "由于未与其他弧段相交（如露头或者不到）而不成结点的终点" 找其他结点进行并入的过程
Arc Snap	是一个弧段的 "由于未与其他弧段相交（如露头或者不到）而不成结点的终点" 找另一个弧段形成新结点的过程
Weed	是处理弧段的中间点的，沿一个弧段的任何两个中间点的距离至少得是 Weed 确定的距离
Grain Tolerance	弧段中相邻中间点的距离。该值一般用于平滑弧段或者加密弧段。它影响新产生的弧段，但在对已有弧段加密时不影响该弧段的形状
Interect	用选取框选择特征时，所有与选取框相交或者包含在选取框内的特征将被选中
Contained In	用选取框选择特征时，所有包含在选取框内的特征将被选中

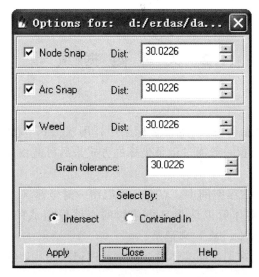

图 11.6　矢量图层 Options 对话框

2）单击"▦"按钮（或者"◌""▨"以及"／"按钮），按住鼠标左键在视窗中拖画出一个矩形（或者圆形、多边形以及线形）。

所有包含于矩形内的且在元素特征设置中处于显示状态的特征将被选中，此时便可以单击"▦"按钮，调出矢量属性表查看被选中特征的属性。

（2）判别函数选择特征。

1）在 Vector 工具面板，单击"▦"按钮，打开矢量图层的属性表（见图 11.5）。

2）选择"View → Line Attributes"命令。

3）右击"Record"项的下部，选择"Row Selection→Criteria"命令，打开判别函数对话框（Selection Criteria）（见图 11.7）。

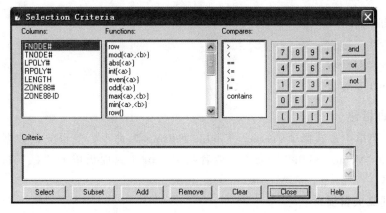

图 11.7　Selection Criteria 对话框

4）构造判别函数。

5）单击"Select"按钮，符合判别函数属性的矢量要素将被选择出来，并在属性窗口中对应的记录将用黄色（缺省）标示出来。在视窗中，如果选择要素特征被显示的话，被选择的要素也将被黄色（缺省）标示出来。

11.2 矢 量 数 据 编 辑

11.2.1 基础知识

矢量数据（Vector Data）是在直角坐标系中，用 X、Y 坐标表示地图图形或地理实体的位置的数据。矢量数据一般通过记录坐标的方式来尽可能将地理实体的空间位置表现得准确无误。

点实体（Point）：在二维空间中，点实体可以用一对坐标 X、Y 来确定位置；

线实体（Arc）：线实体可以认为是由连续的直线段组成的曲线，用坐标串的集合 $(X_1、Y_1、X_2、Y_2、\cdots、X_n、Y_n)$ 来记录；

面实体（Polygon）：在记录面实体时，通常通过记录面状地物的边界来表现，因而有时也称为多边形数据。

矢量数据是计算机中以矢量结构存贮的内部数据。是跟踪式数字化仪的直接产物。在矢量数据结构中，点数据可直接用坐标值描述；线数据可用均匀或不均匀间隔的顺序坐标链来描述；面状数据（或多边形数据）可用边界线来描述。矢量数据的组织形式较为复杂，以弧段为基本逻辑单元，而每一弧段以两个或两个以上相交结点所限制，并为两个相邻多边形属性所描述。在计算机中，使用矢量数据具有存储量小，数据项之间拓扑关系可从点坐标链中提取某些特征而获得的优点。主要缺点是数据编辑、更新和处理软件较复杂。

利用矢量数据编辑的功能，可以实现对数字图像的矢量化操作。

11.2.2 实训目的和要求

掌握矢量数据编辑的方法和步骤。

11.2.3 实训内容

（1）建立矢量要素。

（2）修改矢量数据。

（3）删除矢量要素。

11.2.4 实训指导

在 View 菜单中，选择"Vector→Enable Editing"命令，使得矢量数据进入可编辑的状态。选择"Vector→Undo"命令，或者在 Vector 工具面板单击"⟲"按钮，可以取消之前的操作。

11.2.4.1 建立矢量要素

1. 点要素的绘制

在 Vector 工具面板，单击"✚"按钮，即可在矢量图层上绘制 Lable 点要素。

在 Vectoe 工具面板，单击"⊞"按钮，即可在矢量图层上绘制 Tic 点要素。

2. 线要素的绘制

在 Vectoe 工具面板，单击"➚"按钮，即可在矢量图层上绘制线要素。

3. 面要素的绘制

在 Vectoe 工具面板，单击"➘"按钮，即可在矢量图层上绘制面要素。

11.2.4.2 修改矢量数据

1. 线要素修改

（1）打断。

1）选中所要修改的线要素，所选中的要素被高亮显示。

2）在 Vector 工具面板，单击"➚"按钮，然后在 Viewer 视窗中单击需要打断的段点位置，即完成线要素的打断。

（2）改变形状。

1）选中所要修改的线要素，所选中的要素被高亮显示。

2）在 Vector 工具面板，单击"➚"按钮。选中的线要素上便显示出节点，选中节点进行拖拉，便能实现线要素形状的改变。

（3）平滑曲线。

1）选中所要修改的线要素，所选中的要素被高亮显示。

2）在 Vector 工具面板，单击"➚"按钮。所选中的线要素被按照矢量图层Options 对话框（见图 11.6）中的 Grain tolerance 进行样条函数平滑。

（4）增加节点。

1）选中所要修改的线要素，所选中的要素被高亮显示。

2）在 Vector 工具面板，单击"➚"按钮。所选中的线要素的新节点按照 Vector Options 对话框（见图 11.6）中的 Grain tolerance 大小的间隔均匀分布在线要素上。

（5）概括曲线。

1）选中所要修改的线要素，所选中的要素被高亮显示。

2）在 Vector 工具面板，单击"➚"按钮。所选中的线要素被按照 Vector Options 对话框（见图 11.6）中的 Weed 进行概括。

（6）消除尾节点。

1）选中所要修改的线要素，所选中的要素被高亮显示。

2）在 Vector 工具面板，单击"➚"按钮。所选中的要素上的尾节点便被删除。

2. 面要素修改

（1）分隔面要素。

1）选中所要修改的面要素，所选中的要素被高亮显示。

2）在 Vector 工具面板，单击"➘"按钮。在所选中的要素上绘制分割面的线段，面要素即被分割。

（2）替换面域。

1）选中所要修改的面要素，所选中的要素被高亮显示。

2）在 Vector 工具面板，单击"⌘"按钮。在所选中的要素上绘制改变面的线段，面要素即被新绘制的线段内区域替代。

（3）新增面域。

1）选中所要修改的面要素，所选中的要素被高亮显示。

2）在 Vector 工具面板，单击"⌘"按钮。在所选中的要素周围用曲线绘制所要增加的面域。

11.2.4.3 删除矢量要素

选中所要删除的矢量要素，所选中的要素被高亮显示。在 Vector 工具面板中，单击"✗"按钮，即删除所选中的矢量要素。

11.3 矢量图层生成、编辑与管理

11.3.1 基础知识

构成一个矢量图层的包含一个数据（source）和一个样式（style），数据构成矢量图层的要素，样式规定要素显示的方式和外观。一个初始化成功的矢量图层包含一个到多个要素（feature），每个要素由地理属性（geometry）和多个其他的属性，可能包含名称等组成。结构如图 11.8 所示。

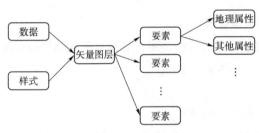

图 11.8 矢量图层结构

11.3.2 实训目的和要求

掌握遥感影像矢量图层生成、编辑与管理的方法和步骤。

11.3.3 实训内容

（1）矢量图层生成与编辑。

（2）矢量图层管理。

11.3.4 实训指导

11.3.4.1 矢量图层生成与编辑

在 ERDAS 图标面板工具条中单击"Vector"按钮，打开 Vector Utilities 菜单（见图 11.9）。

1. 生成矢量图层

矢量图层的生成包括两个步骤：第一复制空间数据；第二复制属性数据。

（1）数据准备。

1）在视窗 1（View #1）和视窗 2（View #2）中同时打开 germtm. img，在 Raster Options 选项卡中，选中"Fit To Frame"复选框。

2）在视窗 1 中打开 zone88，在 Vector Options 选项卡中，不启用 Use Symbolog 以及 Clear Display 功能。

3）在视窗 2 菜单中，选择"File→New→Vector Layer"命令，打开 Create a New

Vector Layer 对话框（见图 11.10），确定文件类型为 .shp 格式，该功能也可对 Coverage 文件处理，确定输出数据名为 zone88_polygon，单击"OK"按钮。

4）打开 New Shapefile Layer Option 对话框（见图 11.11），选择 Polygon Shape，单击"OK"按钮。

（2）在源图层中选择特征。

1）在视窗 1，选择"Vector→Viewing Properties"命令，打开 Properties For zone88 对话框。

2）选中 Polygon 复选框，单击"Apply"按钮，单击"Close"按钮。

3）按住 Shift 键，在视窗 1 中选择多边形。

（3）将选中特征的某字段属性值存放入临时文件。

1）在视窗 1 的 Vector 工具面板中，单击"▦"按钮，打开矢量图层 zone88 的属性表（见图 11.5）。

2）在 zone88 属性表中，选择 View → Polygon Attributes 命令。

3）选中 zone88 属性表的 zoing 列，右击 zoning 列的列头，选择 Column Options/Export对话框，打开 Export Column Data 对话框（见图 11.12）。

4）在 Export Column Data 对话框的 Options 选项调出 Export Column Options 对话框（见图 11.13）以及决定存储格式。

（4）复制空间数据。

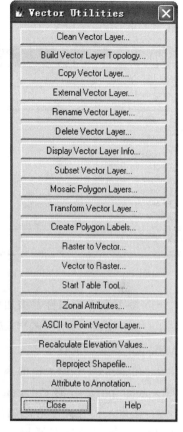

图 11.9　Vector Utilities 菜单

图 11.10　Create a New Vector Layer 对话框

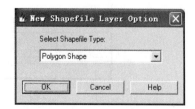

图 11.11　New Shapefile Layer Option 对话框

1）单击视窗 1 的 Vector 工具面板的"▤"按钮，在视窗 1 菜单条中，选择"Vector→Enable Editing"命令。

2）单击视窗 2 的 Vector 工具面板的 "" 按钮，在视窗 2 菜单条中，选择 "File→Save→Top Layer" 命令。

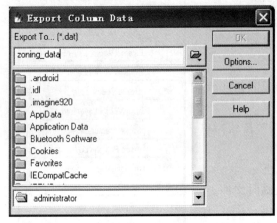

图 11.12　Export Column Data 对话框

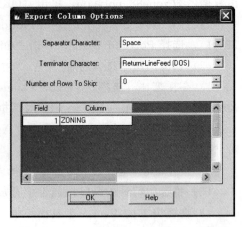

图 11.13　Export Column Options 对话框

（5）察看新图层属性并增加属性字段。

1）单击视窗 2 的 "✎" 按钮，打开 Vector 工具面板，单击按钮，打开矢量图层 zone88_polygon 的属性表。

2）在 zone88_polygon 的属性表菜单中，选择 "View→Polygon Attributes" 命令，查看 zone88_polygon 的 Polygon 属性，可以看到所有的 Polygon 只有位置信息。

3）在 zone88_polygon 的属性表菜单中，选择 "Edit→Column Attributes" 命令，打开 Column Attributes 对话框（见图 11.14），并单击 Column Attributes 对话框底部的 "New" 按钮以增加新的字段，按需求设置字段各个参数。

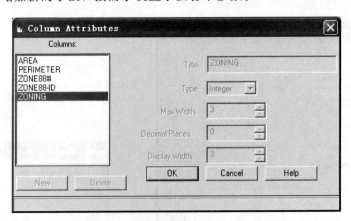

图 11.14　Column Attributes 对话框

（6）将临时文件内容输入为新图层的属性值。

1）在 zone88_polygon 属性表菜单中，选择 "View→ Polygon Attribute" 命令。

2）单击 Zoning 列的列头，使该列处于被选中状态，右击 Zoning 列的列头。

3）选择 "Column Options→Import" 命令，打开 Import ColumnData 对话框，输入

zoning.dat，单击"OK"按钮。

Zoning.dat 数据在读入以前可以通过单击 Import Column Data 对话框的"Option"按钮调出 Import Column Options 对话框（见图 11.15），依照 zoning.dat 文件，选择逗号（Comma）作为分隔符（Separator Character），选择新行（NewLine）作为行截止标志（Row Terminator Character）。

（7）保存结果。

在视窗 2 菜单中，选择"File→Close"命令，打开 Verify Save On Close 提示窗口，单击"OK"按钮。

2. 由 ASCII 文件生成点图层

本功能可将存储有点状地物坐标值的文本文件生成点的矢量图层。

（1）在 ERDAS 主窗口，选择"Vector→ASCII to Point Vector Layer"命令，打开 Import ASCII File To Point Coverage 对话框（见图 11.16）。

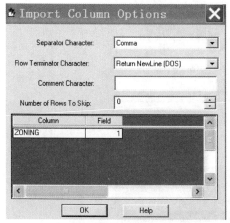

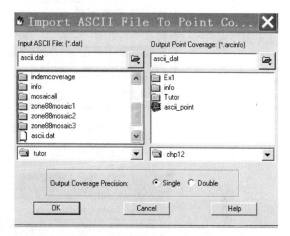

图 11.15　Import Column Options 对话框　　图 11.16　Import ASCII File To Point Coverage 对话框

（2）选择处理图像文件（Input ASCII File）为用来生成点图层的文本文件，该文件中保存有点状地物的 X、Y 坐标值，设置生成的点状图层（Output Point Coverage），在 Output Coverage Precision 后的复选框中，确定将生成的点状图层的精度。

（3）单击"OK"按钮，弹出 Import Options 对话框（见图 11.17），并对 Import Options 对话框进行设置。在 Field Definition 选项卡中，若选择 Delimited by Separator 复选框时，需要对读入的二进制文件进行设置。选择与二进制文件相同的格式进行设置。依照 ascii.dat 文件，选择逗号（Comma）作为分隔符（Separator Character），选择新行（NewLine）作为行截止标示（Row Terminator Character）。

（4）单击"OK"按钮，进行 ASCII 文件至矢量数据的转换。

3. 镶嵌多边形矢量图层

本功能可以将相邻多边形图层镶嵌在一起并且重建拓扑，需要注意的是，多个将镶嵌在一起的图层的属性表结构必须相同而且必须是多边形图层。

（1）在 ERDAS 主菜单，选择"Vector →Mosaic Polygon Layer"命令，打开 Mosaic

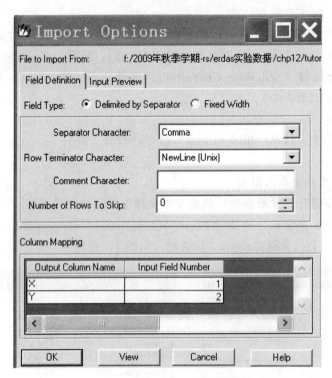

图 11.17　Import Options 对话框

Polygon Coverages 对话框（见图 11.18）。

图 11.18　Mosaic Polygon Coverages 对话框

（2）确定将镶嵌在一起的图层，在 Output Coverage 中输入将产生图层的名字及确定其所在目录；选中 Select Features to Merge 复选框或者 Use template coverage 复选框以明确图层中的哪些特征被镶嵌在一起。

（3）单击"Specify a clip coverage"按钮，以确定一个 Clip 图层，该图层的外边形将确定镶嵌操作结果的边界。

（4）单击"Feature-IDs numbering method"下拉框，选择处理生成图层中的特征 ID 号和 Tic 点的 ID 号的方法。

（5）单击"OK"按钮。

4. 生成矢量图层子集

本功能是用一个裁剪图层从一个已有矢量图层中分割出一个子集形成一个新的矢量图层。

（1）在 ERDAS 主窗口，选择"Vector→Subset Vector Layer"命令，打开 Subset Vector Layer 对话框（见图 11.19）。

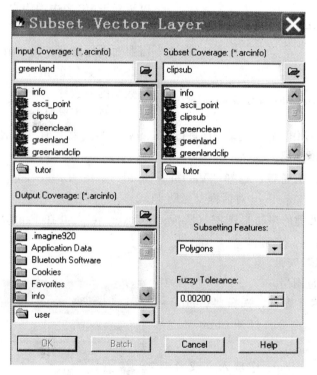

图 11.19　Subset Vector Layer 对话框

（2）输入要被裁剪的矢量图层（Input Coverage）；输入（或浏览选取）用以裁剪的矢量图层（Subset Coverage）；输入将产生的矢量图层名字（Output Coverage）。

（3）在 Subsetting Features 的下拉框中，确定有哪些 Input Coverage 中的特征将被包括在新产生的 Output Coverage 图层中。

（4）在 Fuzzy Tolerance 的下拉框中，输入模糊容限值，模糊容限值缺省值为 0.00200。

(5) 单击"OK"按钮。

5. 创建拓扑

(1) 创建 Lable 点。

1) 在 ERDAS 主窗口，选择"Vector→Create Polygon Labels"命令，打开 Create Polygon Labels 对话框（见图 11.20）。

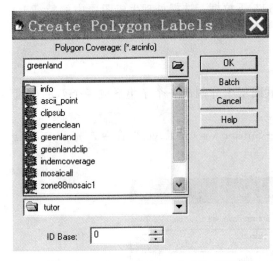

图 11.20　Create Polygon Labels 对话框

2) 选择要被处理的多边形图层（Polygon Coverage）。

3) 在 ID Base 中输入将赋予第一个新 Label 点的 ID 号，其他新 Label 点的 ID 号将依次加 1。

4) 单击"OK"按钮。

在本功能执行之后要使用 Build Vector Layer Topology 功能对图层拓扑进行重建以更新 PAT 表中的用户 ID 号。

当产生或者编辑了一个矢量图层后，需要对图层进行 Clean 或者 Build 处理，以保证空间数据的拓扑关系及空间数据与属性数据的一致性。

注意：不要对一个打开了的矢量图层进行 Build 或者 Clean 操作。在对矢量图层进行 Build 或者 Clean 操作时不要试图打开该图层。

(2) Build 矢量图层。

1) 在 ERDAS 主窗口，选择"Vector→Build Vector Layer Topology"命令，打开 Build Vector Layer Topology 对话框（见图 11.21）。

2) 选择要被处理的多边形图层（Polygon Coverage），并在 Feature 下拉框中选择所要处理图层的类型。

3) 单击"OK"按钮。

(3) Clean 矢量图层。

1) 在 ERDAS 主窗口，选择"Vector→ Clean Vector Layer"命令，打开 Clean Vector Layer 对话框（见图 11.22）。

2) 在 Iuput Coverage 中输入（或者浏览选取）要处理的矢量图层名字，在 Feature 下拉框中选择要处理的图层的类型。

注意：与 Build 不同的是，Clean 不处理点状图层。

3) 选中 Write to New Output 复选框。

4) 在 Fuzzy Tolerance 输入框输入模糊容限值。

图 11.21　Build Vector Layer Topology 对话框

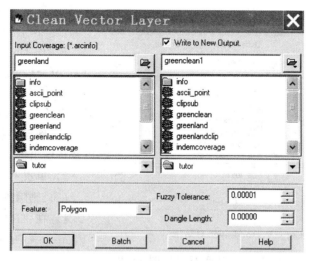

图 11.22 Clean Vector Layer 对话框

5）在 Dangle Length 输入框输入悬弧长度，悬弧长度缺省值为 0.00000。

6）单击"OK"按钮。

11.3.4.2 矢量图层管理

1. 图层管理

由于矢量图层是由空间数据与属性数据所组成的，包含不止一个文件，所以在操作系统中难以完成对矢量图层的管理，对矢量图层的操作必须在 ERDAS IMAGINE 9.2 或者 ERSI 相应软件工具中完成。

（1）重命名矢量图层。

1）在 ERDAS 主窗口，选择"Vector →Rename Vector Layer"命令，打开 Rename Vector Layer 对话框（见图 11.23）。

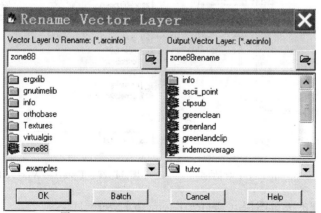

图 11.23 Rename Vector Layer 对话框

2）选择要被重命名的图层（ Vector Layer to Rename）；设置输出图层的新名字（Output Vector Layer）。

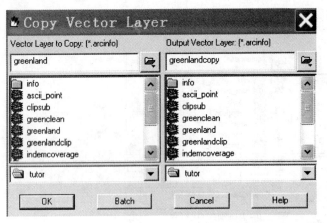

图 11.24　Copy Vector Layer 对话框

3）单击"OK"按钮。

（2）复制矢量数据。

1）在 ERDAS 主窗口，选择"Vector→Copy Vector Layer"命令，打开 Copy Vector Layer 对话框（见图 11.24）。

2）确定将被输出的矢量图层以及待输出的矢量图层。

3）单击"OK"按钮。

（3）删除矢量图层。

1）在 ERDAS 主窗口，选择"Vector → Delete Vector Layer"命令，打开 Delete Vector Layer 对话框（见图 11.25）。

2）选择要删除的矢量图层（Vector Layer to Delete），在 Type of Deletion 下拉框中选择要删除的内容的类型。

3）单击"OK"按钮。

（4）扩展矢量图层。

该功能支持在复制图层时，不仅复制了空间数据，同时也复制了属性数据并修改了空间数据中存储属性数据文件的相对路径与文件名。

1）在 ERDAS 主窗口，选择"Vector→External Vector Layer"命令，打开 External Vector Layer 对话框（见图 11.26）。

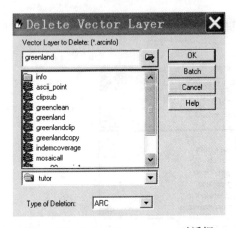

图 11.25　Delete Vector Layer 对话框

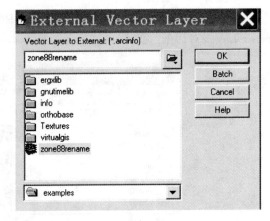

图 11.26　External Vector Layer 对话框

2）选择要处理的矢量图层（Vector Layer to External）。

3）单击"OK"按钮。

2.矢栅转换

栅格与矢量的相互转换是一个很重要的功能。例如，将遥感图像分类的结果生成 ARC/INFO 格式的图层或者将扫描后的专题图转为矢量图层都需要使用该功能。

（1）栅格到矢量的转换。

1）在 ERDAS 主窗口，选择"Vector→Raster to Vector"命令，打开 Raster to Vector 对话框（见图 11.27）。

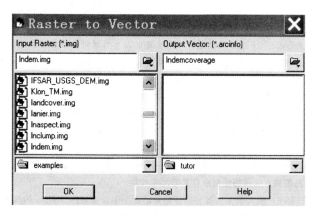

图 11.27　Raster to Vector 对话框

2）选择（或者浏览选取）要转换的图像（Input Raster）；输入要产生的矢量图层的名称（Output Vector）。

3）单击"OK"按钮，打开 Raster to ARC / INFO Coverage 对话框（见图 11.28），对其进行设置（见表 11.2）。

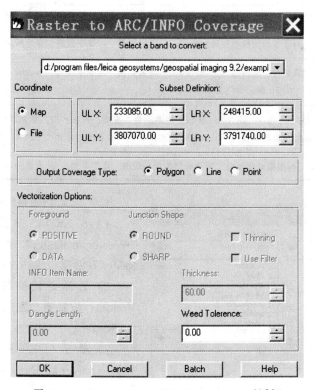

图 11.28　Raster to ARC/INFO Coverage 对话框

4）单击"OK"按钮。

表 11.2　　　　　　　　　　　Raster to ARC/INFO Coverage 对话框设置

设置项	简介
Output Coverage Type	在此确定输出矢量图层类型： （1）Polygon：多边形矢量图层。该设置在以下情况时效果较好：①图像尺寸小于 512×512；②分类后的图像（否则会产生大量小多边形）；③平滑后的图像（否则会产生大量"岛"多边形）。 （2）Line：弧段矢量图层。该设置主要用于以下情况：①对扫描图像的矢量化；②提取基于一个矢量图层用"矢量到栅格转换工具"转换成的图像的线状特征。 （3）Point：点矢量图层
Foreground	在 Output Coverage Type 为 Line 时本设置才有效。本设置确定哪些像元是前景像元，将转化为弧段的图像上的线特征是由前景像元组成的。 POSITIVE：值大于 0 的像元属于前景，而小于 0 或者为 Nodata 的属于背景。 DATE：所有有数据值的像元都属于前景，而值为 Nodata 的像元属于背景
Junction Shape	在 Output Coverage Type 为 Line 时本设置才有效。本设置确定线的拐角。 ROUND：线的拐角将比较圆滑，这在表现等高线等自然线型时比较客观。 SHARP：线的拐角比较尖锐
Thinning	本设置确定在矢量化以前是否首先细化前景像元。细化可以加快处理速度
Use Filter	本设置将平滑前景和背景像元间的边界。这将在弧段中加入更多的中间点以使弧段显得平滑
INFO Item Name	这是将产生的矢量图层属性表的一个字段的名字，该字段将包含它所对应的图像的像元值
Thickness	本设置是指在栅格图像上线性特征的最大宽度（地图单位）。Thickness 被选定时该项缺省值为像元尺寸的 10 倍，否则为 2 倍
Dangle Length	在 Output Coverage Type 为 Line 时本设置才有效。在输出的矢量图层中将被保留的悬挂弧的最小长度（地图单位）。Thickness 被选定时该项缺省值为像元尺寸的 0.7 倍，否则为 0
Weed Tolerance	Weed 容限值是指弧段上两个点间的最小距离（地图单位），缺省值为 0

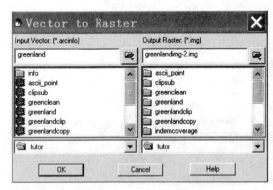

图 11.29　Vector to Raster 对话框

（2）矢量到栅格的转换。

1）在 ERDAS 主窗口，选择"Vector→Vector to Raster"命令，打开 Vector to Raster 对话框（见图 11.29）。

2）选择要转换的矢量图层（Input Vector）；设置要产生的图像的名称（Output Raster）。

3）单击"OK"按钮，打开 Convert Vector Layer to Raster Layer 对话框（见图 11.30），对其进行设置（见表 11.3）。

4）单击"OK"按钮。

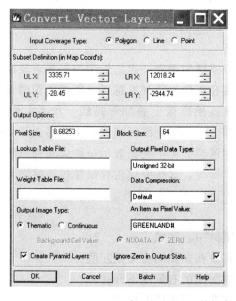

图 11.30　Convert Vector Layer to Raster Layer 对话框

表 11.3　　　　　　　　**Convert Vector Layer to Raster Layer 对话框设置**

设置项	简　　介
Pixel Size	确定输出的像元尺寸。缺省值用矢量图层 x 方向长度的 1/1000。如果 x 方向长度使用不合理，则缺省值为 40
Block Size	块的大小，缺省值为 64
Lookup Table File	输入一个"用来确定像元值的"Info 文件的名字，该文件满足以下条件：①必须包含两个字段（Value 与 Code）；②Code 字段是数字型的；③Info 表按 Value 值进行升序排序。 假如不明确文件的路径，则系统缺省在当前工作空间内查找（当前工作空间可从 ERDAS 主菜单的 Session/Session Log 中查找）
Weight Table File	输入一个 Info 文件的名字，当一个像元有几个可能的像元值时，该文件用来指明每个值的权重，权重最大的像元值将被赋予给像元。 该文件满足以下条件：①必须包含两个字段（Weight 与 Code）；②Code 与 Weight 都得是数字型的；③Info 表按 Code 值进行升序排序；④如果值没有出现在该文件中，则该值的权重为 0
Background Cell Value	设置在 Input CoverageType 为 Line 或者 Point 时才有用，本设置指出背景像元的像元值。 NODATA：如果输出像元值类型为符号型，则背景像元值将是一个很大的负数，如果是无符号型，则为 0。 ZERO：背景像元值为 0

11.4 专题地图建立

11.4.1 基础知识

遥感影像地图是一种以遥感影像和一定的地图符号来表现制图对象地理空间分布和环境状况的地图。包括普通遥感影像地图和专题遥感影像地图两种类型。

普通遥感影像地图：在遥感影像上叠加等高线、水系、地貌、植被、居民点、交通网、境界线等制图对象，综合、反映制图区域内的自然要素和社会经济内容。

专题遥感影像地图：在遥感影像中突出表示一种或几种自然要素或社会经济要素，如土地利用专题图，植被类型图等，这些专题内容是通过遥感影像信息增强和符号注记来予以突出表现的。

影像地图图面配置：

(1) 影像地图：放在图的中心区域。

(2) 添加影像标题：常放在影像图上方或左侧。

(3) 配置图例：放在地图中的右侧或下部。

(4) 配置参考图：放在图的四周任意位置。

(5) 放置比例尺：放在图名下部或影像下部右侧。

(6) 配置指北箭头：放在影像右侧。

(7) 图幅边框生成。

(8) 配置结果可单独保存在一个数据图层中。

11.4.2 实训目的和要求

掌握遥感影像地图制作的方法和步骤。

11.4.3 实训内容

(1) 专题地图编辑。

(2) 专题地图输出。

图 11.31 Map Composer 菜单

11.4.4 实训指导

11.4.4.1 专题地图编辑

1. 专题地图编辑器功能

在 ERDAS 主菜单条，选择"Main→Map Composer"命令或在 ERDAS 主窗口，单击"Composer"图标，打开 Map Composer 菜单（见图 11.31）。

2. 专题地图编辑过程

(1) 产生专题制图文件。

1) 选择"File→Open→Raster Layer"命令，打开 Select Layer To Add 对话框，选择文件。

2) 在 Raster Options 选项卡，选中"Fit to Frame"

复选框。

3) 单击"OK"按钮。

4) 选择"Main→Map Composer→New Map Composition"命令，打开 New Map Composition 对话框（见图 11.32），用户按需要定义各个参数，单击"OK"按钮，打开 Map Composer 视窗和 Annotation 工具面板（见图 11.33）。

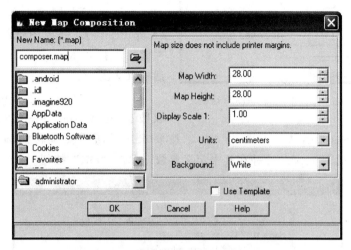

图 11.32　New Map Composition 对话框

如图 11.33 所示，地图编辑视窗由菜单条（Menu Bar）、工具条（Tool Bar）、地图窗口（MapView）和状态条（Status Bar）组成，注记工具面板（Annotation Tool Palette），是从菜单条中调出来的一部分编辑功能。该工具面板可以方便用户在注记层或地图上放置矩形、多边形、线划等图形要素，还可以放置比例尺、图例、图框、格网线、标尺点、文字及其他要素。

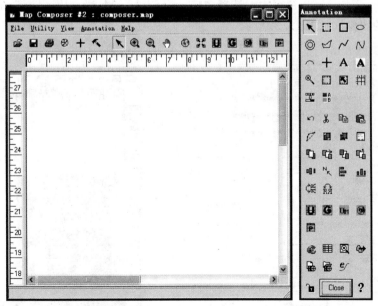

图 11.33　Map Composer 视窗和 Annotation 工具面板

（2）绘制地图图框。

地图图框的大小取决于三个要素：制图范围（Map Area）、图纸范围（Frame Area）、地图比例（Scale）。

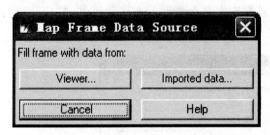

图 11.34 Map Frame Data Source 对话框

1）在 Annotation 工具面板，单击"▨"按钮，在地图编辑视窗的图形窗口中，按住鼠标左键拖动绘制一个矩形框（Map Frame）。完成图框绘制、释放鼠标左键后，打开 Map Frame Data Source 对话框（见图 11.34）。

2）单击"Viewer"按钮（从视窗中获取数据填充 Map Frame），打开 Create Frame Instructions 指示器（见图 11.35），按要求选择所需要编辑的地图，打开 Map Frame 对话框（见图 11.36），并在其中定义参数，单击"OK"按钮。

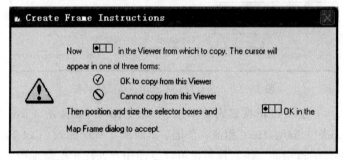

图 11.35 Create Frame Instructions 指示器

3）在 Map Composer 视窗中，选择"View→Scale→Map to Window"命令，得到充满整个视窗的图像（见图 11.37）。

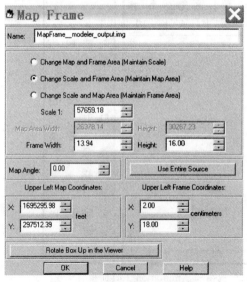

图 11.36 Map Frame 对话框

图 11.37 Map Composer 视窗

（3）放置图面整饰要素。

1）绘制格网线与坐标注记。在 Annotation 工具面板，单击"田"按钮，在位于地图编辑视窗图形窗口中的图框内单击，打开 Set Grid/Tick Info 对话框并设置参数（见图 11.38）。

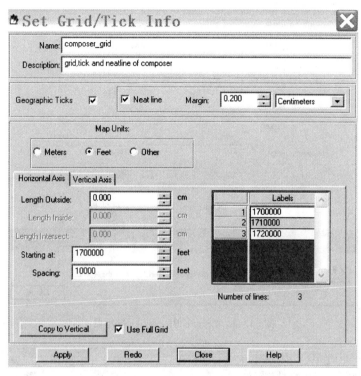

图 11.38　Set Grid/Tick Info 对话框

2）绘制地图比例尺。在 Annotation 工具面板，单击"⬚"按钮，用鼠标在地图编辑视窗图形窗口拖拉绘制比例尺放置窗，打开 Scale Bar Instructions 指示器（见图11.39），在地图编辑视窗单击，指定绘制比例尺的依据，打开 Scale Bar Properties 对话框（见图 11.40），按需要定义参数。

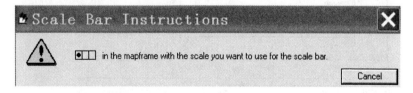

图 11.39　Scale Bar Instructions 指示器

3）绘制地图图例。在 Annotation 工具面板，单击"▪▪"按钮，用鼠标定义放置图例位置，打开 Legend Instructions 指示器（见图 11.41），单击鼠标指定绘制图例的依据，打开 Legend Properties 对话框（见图 11.42），可对图例要素进行修改。

4）绘制指北针。在 Map Composer 视窗菜单条，选择"Annotation→Styles"命令，打开 Styles For Composer 对话框，选择"Symbol Styles→Other"命令，打开 Symbol

图 11.40 Scale Bar Properties 对话框

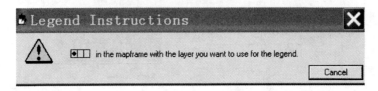

图 11.41 Legend Properties 指示器

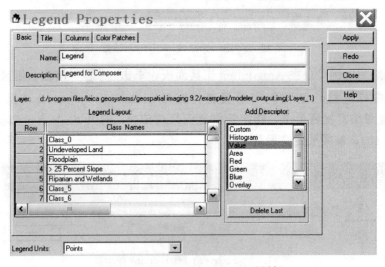

图 11.42 Legend Properties 对话框

Chooser 对话框（见图 11.43），并确定指北针类型。

在 Annotation 工具面板，单击"➕"按钮，放置指北针，双击放置的指北针符号，打开 Symbol Properties 对话框（见图 11.44），可对指北针要素特性进行修改。

5）放置地图图名。在 Annotation 工具面板，单击"**A**"按钮，鼠标拖动确定放置图名位置，打开 Annotation Text 对话框（见图 11.45），输入图名字符串，单击"OK"按钮。

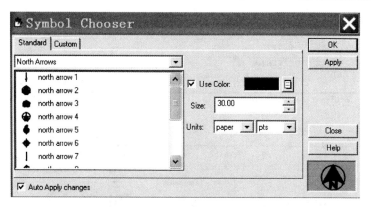

图 11.43 Symbol Chooser 对话框

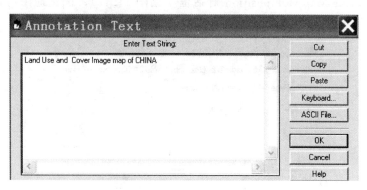

图 11.44 Symbol Properties 对话框

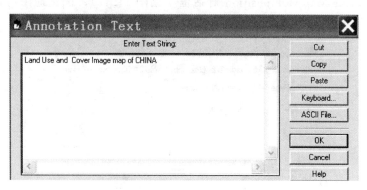

图 11.45 Annotation Text 对话框

地图图名放置以后,可以双击地图图名,打开 Text Properties 对话框(见图 11.46),对所需项目进行修改。

6)书写地图说明注记。在 Annotation 工具面板,单击 " **A** " 按钮,确定注记位置,打开 Annotation Text 对话框(见图 11.45),输入说明注记字符串。

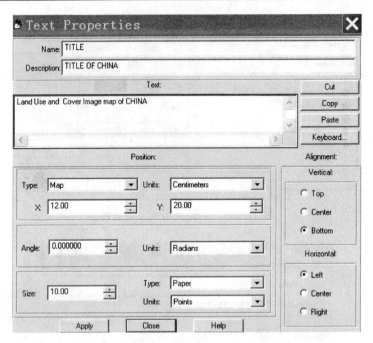

图 11.46　Text Properties 对话框

（4）保存专题制图文件。单击 Map Composer 工具条的"Save Composer"按钮
"▦"，保存制图文件（*.map）。

11.4.4.2　专题地图输出

1. 在 ERDAS 主窗口环境输出

（1）在 ERDAS 主窗口，选择"Composer→Print Map Composition"命令，打开
Composition 对话框，选择制图文件。

（2）打开 Print Map Composition 对话框（见图 11.47），设置地图打印参数，单击
"OK"按钮。

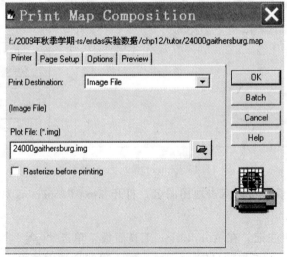

图 11.47　Print Map Composition 对话框

2. 在 Map Composer 制图环境输出

在 Map Composer 视窗菜单条，选择"File→Print"命令，打开 Print Map Composition 对话框（见图 11.47），设置地图打印参数，单击"OK"按钮。

参 考 文 献

［1］ 张剑清，潘励，王树根．摄影测量学 ［M］．武汉：武汉大学出版社，2003.

［2］ 李德仁，王树根，周月琴．摄影测量与遥感概论 ［M］．北京：测绘出版社，2008.

［3］ 王佩军，徐亚明．摄影测量学 ［M］．武汉：武汉大学出版社，2010.

［4］ 邓非，闫利．摄影测量实验教程 ［M］．武汉：武汉大学出版社，2012.

［5］ 张祖勋，张剑清．数字摄影测量学 ［M］．武汉：武汉大学出版社，2012.

［6］ 段延松．数字摄影测量 4D 生产综合实习教程 ［M］．武汉：武汉大学出版社，2014.

［7］ 郭学林．航空摄影测量外业 ［M］．郑州：黄河水利出版社，2011.

［8］ 孙家炳．遥感原理与应用 ［M］．武汉：武汉大学出版社，2013.

［9］ 杨昕，汤国安，等．ERDAS 遥感数字图像处理教程 ［M］．北京：科学出版社，2009.

［10］ 党安荣，贾海峰，陈晓峰，等．ERDAS IMAGINE 遥感图像处理方法 ［M］．北京：清华大学出版社，2010.

［11］ 邓磊，孙晨．ERDAS 图像处理基础实验教程 ［M］．北京：测绘出版社，2014.

［12］ 赫晓慧，贺添，郭恒亮，等．ERDAS 遥感影像处理基础实验教程 ［M］．郑州：黄河水利出版社，2014.

［13］ 闫利．遥感图像处理实验教程 ［M］．武汉：武汉大学出版社，2010.

［14］ 陈晓玲．遥感原理与应用实验教程 ［M］．北京：科学出版社，2013.

［15］ 蔡国印，杜明义．遥感技术基础双语讲义 ［M］．武汉：武汉大学出版社，2016.

［16］ 赵英时．遥感应用分析原理与方法 ［M］．北京：科学出版社，2013.

［17］ 梁顺林，李小文，王锦地．定量遥感理念与算法 ［M］．北京：科学出版社，2013.

［18］ Thomas M. Lillesand, Ralph W. Kiefer, Jonathan W. Chipman. Remote Sensing and Image Interpretation ［M］．北京：电子工业出版社，2016.

［19］ John A. Richards. Remote Sensing Digital Image Analysis：An Introduction ［M］．北京：电子工业出版社，2015.

［20］ John R. Jensen. Remote Sensing of the Environment-An Earth Resource Perspective ［M］．北京：科学出版社，2011.

［21］ Qihao Weng. Remote Sensing and GIS Integration-Theories, Methods, and Applications ［M］．北京：科学出版社，2011.

［22］ 瑞士徕卡测量系统股份有限公司，美国 ERDAS 公司．ERDAS IMAGINE 操作手册 ［M］．武汉：武汉大学出版社，2008.